大人のための算数練習帳

論理思考を育てる文章題の傑作選

佐藤恒雄 著

ブルーバックス

●カバー装幀／芦澤泰偉・児崎雅淑
●カバー・本文イラスト／杉田直子
●本文・扉・目次デザイン／さくら工芸社

まえがき
この本を読んでいただきたい方は

　本書を読んでいただきたい方は，何と言っても算数にノスタルジーを感じる方々です。算数が好きでなつかしさを覚える人，算数に対して苦手意識を感じている人，算数が嫌いだったけれど，もう一度挑戦してみようと考えている人たちです。

　これらの方々は，従来の算数の学び方をしてきて，算数に対するそれぞれの印象をお持ちのはずですが，本書を読んで，それらの印象を一変させてください。算数の問題を通して，確かな読解力とは，適切な翻訳の仕方とは，巧みな論理的展望とは，正確な遂行力とは，など4つの視点を持つことの重要さが実感できるはずです。論理的思考の面白さ，痛快さをぜひ満喫していただきたいと願っています。

　次に本書を読んで欲しい方としては，とりわけ，私立中学に入学を希望するお子さんをお持ちのご両親，つまり，お父さんやお母さんです。

　その理由は，お子さんがどんな内容の算数の問題を勉強して中学校に進むのか，算数の学習がお子さんにどんな力を与え，どんな力を引き出すのか，あるいは，どんな力がお子さんに不足しているのかを，正しく認識してもらいたいからです。

　お子さんは，算数という科目を一生懸命勉強して，目標の中学校を目指すわけですが，算数の勉強は，それに相応(ふさわ)しい学び方をすれば，それほど苦労せずに知識や戦略を習得できるのです。ところが，算数に相応しくない指導を受

けていたのでは，いくら学習を重ねても，習得するのが困難な科目でもあるのです。

ご両親にはまず，このことを知っていただきたいと思います。

さらに本書を読んでいただきたい方は，お子さんがすでに私立中学に入学したお父さんやお母さんです。

小学校の算数から中学校の数学へと移行するとき，算数と数学の相違点をよく知らないと，算数の得意な人ほど数学の勉強に上手に移れないという，意外な落とし穴があることを知って欲しいからです。これを回避するためにも，算数と数学の本質（両者の長所と短所）を理解することが大変重要になります。

本書は，算数から数学への円滑な橋渡しをする役目を担っています。

最後に，公立中学に入学したお子さんを持つ，お父さんやお母さん方に読んでいただきたいのです。

公立中学校に入学するには，特別な算数の勉強をしなくても進学でき，中学へ入ってからも学校の教科書をしっかり学んでさえいれば，学校の授業は十分やっていけると考

えられていました。しかし，算数をきちんと学習してから私立中学に進んだ生徒と比較すると，計算力は当然ですが，数学の文章問題の読解や考え方に大きな力の差があることがわかってきたのです。この事実を正しく受け止めて，早いうちに適切な対処を考える必要があります。

　本書は，大人の方々だけでなく，小学生の高学年および中学生でも，読む気になれば理解できる内容です。要はやる気があるかどうかということです。

　小学校で学んだ算数の正しい学び方を本書で知り，中学校で学ぶ数学と算数との相違点と類似点を正しく理解することが，その後の数学の勉強にどれほど有意義なものになるかは言うまでもありません。本書を読んで，算数から数学へ移行する波に上手に乗り換えることができ，数学がもっと好きになってもらえたら嬉しい限りです。

　なお，本書が出来上がるまでに多くの方々のご協力とご教示がありました。とくに，原稿の内容に理解を示され，出版に骨身を惜しまれなかった講談社ブルーバックス出版部の小沢久氏，同氏をご紹介くださり，さらに貴重な助言を与えてくださったさくら工芸社社長櫻井紀元氏，本書の内容の検討に精力的に参加してくださった学友安藤久雄氏，そして，各問題にピッタリのイラストと，ともすれば味気なくなりがちな内容の本書に，ほのぼのとした挿絵を描いてくださった筆者の長女の友人，杉田直子さん。これらの方々に，心から感謝の意を表したいと思っております。

2004年1月　　　　　　　　　　　　　　　　　　　　著者

───────────┤ 目 次 ├───────────

- まえがき 5
- プロローグ 10

第1章 問題文の読み方──読解・分析力………… 19

1. 問題の構造を分析できる力 ……………………………… 21
   例題1 分数で表現された問題 21／挑戦問題1 仕事算 27
   例題2 還元算（1） 29／挑戦問題2 還元算（2） 33

2. 問題の条件を把握できる力 ……………………………… 35
   例題3 置換法の問題（1） 35／挑戦問題3 置換法の問題（2） 38
   例題4 条件読み換え問題（1） 40／挑戦問題4 条件読み換え問題（2） 43

3. 定義・定理や公式を復元できる力 ……………………… 47
   例題5 旅人算（1） 48／挑戦問題5 旅人算（2） 55
   例題6 旅人算（3） 56／挑戦問題6 旅人算（4） 60
   ・コラム 4×6と6×4のどちらが正しいか？ 62
   ・コラム 幾何学を独習したリンカーン大統領 63

第2章 理解できる言葉で言い換える──翻訳力… 65

1. 文字を使いこなす力 ……………………………………… 68
   例題7 記数法の問題 68／例題8 3の倍数となる数の条件 72

2. 図や表などを使いこなす力 ……………………………… 74
   例題9 ディオファントスの一生 75／例題10 条件整理の問題（1） 79
   挑戦問題7 条件整理の問題（2） 84／挑戦問題8 条件整理の問題（3） 87
   例題11 図形の性質を利用する問題（1） 89
   挑戦問題9 図形の性質を利用する問題（2） 95
   ・コラム 幾何学の復権 100

3. 文章または式を言い換える力 ……………………………102
   例題12 通過算（1） 103／挑戦問題10 通過算（2） 106
   例題13 すれ違い算（1） 107／挑戦問題11 すれ違い算（2） 110
   挑戦問題12 流水算 111
   ・コラム わが国の政治家には文系出身が多い 116

第3章 解答に向かって目標を立てる──目標設定力 … *117*

1. 論理的に展望できる力 ……………………………… *119*
例題14 鶴亀算（1） *120* ／挑戦問題13 鶴亀算（2） *125*
例題15 鶴亀算（3） *126* ／挑戦問題14 鶴亀算（4） *134*
例題16 分数小数の計算問題 *137*
例題17 最大公約数の利用（1） *140*
挑戦問題15 最小公倍数の利用（1） *147*

2. 類似問題を連想し利用できる力 ……………………… *150*
例題18 植木算（1） *153* ／挑戦問題16 植木算（2） *156*
例題19 最大公約数の利用（2） *158* ／例題20 最小公倍数の利用（2） *160*
挑戦問題17 最小公倍数の利用（3） *164*

3. 具体化して様子を見る力 ……………………………… *165*
例題21 割合の問題（1） *165* ／挑戦問題18 割合の問題（2） *170*
例題22 水道算（1） *172* ／挑戦問題19 水道算（2） *176*
・コラム 算数が嫌いだった文豪菊池寛 *178*
・コラム 代数が好きだった湯川秀樹 *179*

第4章 解答にまとめる──遂行力 …………… *181*

1. 手法を選択できる力 …………………………………… *183*
例題23 旅人算（5） *183*
挑戦問題20 分数の読み換えの問題 *191*

2. 目標に向かって具体的に展開できる力 ……………… *192*
例題24 時計算（1） *192* ／挑戦問題21 時計算（2） *197*

3. 設問を活用していく力 ………………………………… *199*
例題25 牧草算（1） *199* ／挑戦問題22 牧草算（2） *207*
挑戦問題23 牧草算（3） *208*

・エピローグ *209*
・さくいん *215*

プロローグ

算数から数学への橋渡し

算数と数学の違いを知る

　小学校で学ぶ「算数」は，中学校に入ると，その呼び名が「数学」へと変わります。小学校で学ぶ算数と中学校で学ぶ数学との違いはどこにあるのでしょうか。なぜ，呼び名が変わるのでしょうか。

　本書はこの疑問に答えるため，代表的な算数の問題を例に，〈算数の方法〉と〈数学（代数）の方法〉の両方の解答を併記することによって，算数と数学の共通点と相違点を浮き彫りにしてみることにしました。

　算数でも数学でも，その学習法は問題を解くことを通して行います。そして両者に共通していることは，算数や数学の知識ばかりでなく，習得した知識をどこにどのように使えるかを判断できる「力」も学んでいるのです。そして，この力は，算数，数学の問題をある一定の視点（後述の4つの視点）から分析していくことを習慣づけることで，習得できるのです。この視点は，本書の各章のタイトルとして取り上げています。

　この一定の視点を認識することで，算数と数学の共通点，相違点を知ることができ，結果として算数から数学へとスムーズな移行が可能になるのです。

　ところで〈算数の方法〉の特徴とは，「図および数の四則演算（足し算，引き算，掛け算，割り算）だけしか道具として利用できない」という，強い制約の下で問題を解く

ところにあります（これが算数の短所となります）。

反面，四則演算を知っている人なら，誰でも無理なく挑戦できるわけです。この

四則演算だけを利用して結論を引き出す

ということは，数学を学んだ人からすれば，手足を縛られた状態で問題を解くということになります。その状態で問題を解くためには，

物事の本質を見きわめる洞察力

をフル稼働しなければ結論には至りません。算数の学習がなぜ大切かと訊かれれば，それは，結論へのステップを頭の中で行う力＝洞察力を身につけることができるからです（これが算数の長所です）。

一方，〈代数の方法〉とは，文字を使って題意を表現し，物事を一般化して解くところに真髄があります。すなわち，求めるものを文字 x や y を用いて表し，条件をみたす式を作り，それを解いて x や y の値を求めていく方法です。

この方法は，きわめて直截的でありかつ明瞭です（これが数学の長所です）。

したがって x, y に関する等式や関係式の式変形（因数分解はその基礎）が正確かつ迅速にできることが必要です（これが数学の短所となります）。

そのため，中学の教科書では，式変形の基礎として，第1章で「負の数」（これは小学校で学んだ四則演算の続き）を学習し，第2章で「文字式」，第3章で「方程式」へと進んでいくのです。

読者の中にも，因数分解が何のためにあるのか，何でこんなクイズみたいなことを学ばなければならないのか疑問を抱き，数学から離れた方も少なくないと思います。

問題を解くための力

算数から数学への橋渡しとなるものがあるとすれば，それはどのようなことなのでしょうか。そこで，算数・数学の問題を解くという行為を，もう少し掘り下げて考えてみましょう。

> 例1：時速5kmで3時間歩くと何km進みますか？

という問題を解くのに，知識として知らなければならない事柄は，「時速」と「数の四則演算」の2つです。この2つの知識があれば

「$5 \times 3 = 15$　　　　答 15 km」

と簡単に答を導き出せます。ところが，

> 例2：時速5kmで歩き出した人を，2時間後に時速6kmで追いかけたとき，何時間後に追いつくか？

という問題になると，例1のように「時速」と「数の四則演算」だけでは解けなくなります。

なぜなら，「2時間後に追いかける」「追いつく」という事柄をどのように処理するかなど，算数・数学の知識以外に

問題の条件に適した分析の仕方

が必要になるからです。これも問題解法の一つの戦略なの

です。

　公立の小学校，中学校で学ぶ算数・数学の授業では，教科書（現行の指導要領が妥当な配列かは別として）を通して，年齢に応じた知識を学習します。さらにその知識を確かなものにするために，様々な問題演習を行います。

　問題演習では知識の確認ばかりでなく，例2のように，設定条件を複雑にした問題もあります。そのような問題では，結論にいたるために，条件に応じた解答の手順（戦略）も学習しています。

　そして，この知識と戦略の習熟度を測定するのがいわゆるテストです。テストで良い点をとるには，戦略面からの視点を包含した学習をしていくことが大きな鍵になります。

　さて，問題を解くときの行動を分析すると，

〈問題解決のための4つの行動〉

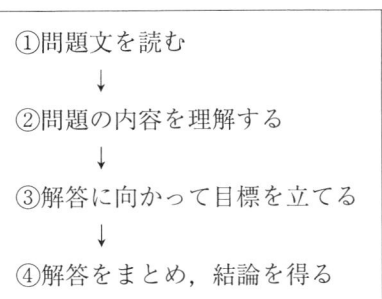

の4つの行動から成り立っています。もちろん，計算問題のように方向性が指示された問題もありますが，多くの問題，特に文章題の解答では①〜④の行動をとっているはずです。

　これを例2に対応させてみると，次のようになります。

〈例2の問題解決への行動〉

①問われているのは2時間の差で出発した
　2人は何時間後に出会うか
　　↓
②図を使うなどして，状況を把握する
　例）1時間で何km縮められるか
　例）2時間後の2人の位置
　　↓
③答えに近づくには，何がわかればよいか
　　↓
④正確な計算力，論述力で解答をまとめる

　個々の問題に対しても，このような視点を持って，問題演習を行っていかなければなりません。
　さらに，表中の
①〜④の行動＝戦略を最大限に発揮することを可能にする力
を，次のように3つずつにまとめてみました。
　まず，**戦略①：「問題文を読む」**ときに大切な力は，
1. 問題の構造を分析できる力
2. 条件を把握できる力
3. 定義・定理・公式を復元できる力
です。
　このことを例2で説明してみましょう。
　1の「問題の構造を分析できる力」の視点から，その構造は
ア）追いかける
イ）何時間後に追いつくか

であり，2の「条件を把握できる力」の視点から整理すると

ウ）時速5 kmで歩き出した人
エ）2時間後に時速6 kmで歩いて追いつく

となります。また，3の「定義・定理・公式を復元できる力」の視点からみると

オ）時速の意味（定義）

を正しく理解していなければなりません。

　このように問題文を読むときには，言葉の意味を明確にしながら読んでいかなければなりません。このときの力を総称して

読解・分析力

と言います。

　次に，**戦略②：「問題の内容を理解する」**ときに大切な「力」は，

1. 文字を使いこなす力
2. 図・グラフ・表などを使いこなす力
3. 文章または式を言い換える力

です。

　同様に，例2で説明してみましょう。

　1の「文字を使いこなす力」は，原則的には〈算数の方法〉では登場しませんが，〈代数の方法〉では大活躍する力です。また，2の「図・グラフ・表などを使いこなす力」は，算数学習のこの時期から身につけなければならない力です。

　先に出発した人は2時間で10 km歩きます。これを基準に題意を図示（2人をA，Bとする）すると，

となります(当然,これ以外の図を描く人もいます)。この図から,題意の内容がより明確になり,次の行動へ移ることができるのです。

さらに,3の「文章または式を言い換える力」は次の戦略③と結びついて発揮される力であり,算数では非常に重要な力です。このような力を総称して

翻訳力

と言います。

さらに**戦略③:「解答に向かって目標を立てる」**です。

例2の最終結論は,もちろん「追いつく時間」ですが,結論へ到達するために,2時間遅れで出発した人との「10 km の差」を求め,「歩く速さの差が時速1 km」だと,「どのくらいで追いつけるか」というように,途中,途中で問題を解決しながら最終結論に到達しています。

マラソンでも同様のことを行っています。ランナーは42.195 km を駆け抜けるのに,5 km 地点,10 km 地点などキーとなる地点の通過タイムを設定し,そのタイムを目標にしながら全行程を走り抜けると言います。

数学の解答でも同様です。マラソンのように当面の目標を定めながら最終結論へ走っていくわけです。このような力には

1. 論理的に展望できる力
2. 類似問題を連想し利用できる力

3. 具体化して様子を見る力

があります。そして，これが発揮できる力を

目標設定力

と呼んでいます。

　最後に，戦略④：「解答をまとめ，結論を得る」です。この力には

1. 手法を選択できる力
2. 目標に向かって具体的に展開できる力
3. 設問を活用していく力

があります。

　算数・数学のすべてと思われている「計算力」は，実は2に該当する力です。結論だけが要求される算数でも，

「算数＝計算力」

と考えるのは近視眼的な見方です。これらの力を総称して

遂行力

と言います。

　この最終結論は，10 km を時速 1 km で行くことと同じなので，答えは「10時間後に追いつく」となります。

　算数・数学を眺め直したとき，①〜④の4つの視点は**算数にも数学にも共通した戦略**であり，これらが**算数から数学への架け橋**になるのです。

　先に紹介した12個の力が有機的に結合して，はじめて「問題が解ける」，という行動に直結するのです。

　この行動は，算数・数学にとどまらず，身の周りに起こるさまざまな困難を克服するときにとる行動に通じているのです。すなわち，困難の本質は何か，それはどのような

内容なのか，それをどう解決するか，という問題解決能力にも通じる視点なのです。

本書では，これら12個の力がどのように用いられ，どのような場面でその力が発揮されるかを，小学校で習ったことがある代表的な文章題を通して，具体的に考えてみます。

どんな問題も，4つの視点による切り口を考え，それに伴う12個のどれかの力を用いて分析すれば，その問題の意図や構造に光が当てられ，意味や本質がよりいっそう明瞭になってくることがわかってきます。

第 1 章

問題文の読み方

― 読解・分析力 ―

数学の問題文は，文章で表されるのが普通です。とくに，算数では「文章題」と名づけられ，独立のジャンルとして扱われています。

　この文章題が解けるためには，その文章が正しく読めなければなりません。では，文章を正しく読むとはどういうことなのでしょうか？

　文章は一つ一つの単語で成り立っています。文章を分解していくと，いくつかの単語に分類でき，大きくは日常語と術語（数学用語）に分けられます。

　日常語は，普段私たちが日常生活で使うものですから，いわば共通語です。そのため，問題文に使われていても，意味の取り違えはほとんどないと思われます。

　これに対して，術語は数学上の用語ですから，その言葉の意味や定義を知らなければなりません。つまり，

術語が現れたら，その定義にもどり，その単語の意味を正しく復元する

必要があります。

　この章では，読解・分析力を構成する3つの力
①問題の構造を分析できる力
②条件を把握できる力
③定義・定理や公式を復元できる力
が具体的にはどのような力であり，それらが算数の問題を解いていく過程においてどのように身についていくのかを，代表的な問題の解答を通して検証していきましょう。

第1章　問題文の読み方

読解・分析力　1．問題の構造を分析できる力

　問題文を正しく読むためには，問題全体の構造を正しくとらえることが必要です。言い換えれば，問題の構造とは，問題の仕組み，問題の成り立ちと言ってもいいのです。

例題1　分数で表現された問題

　ある人が自分の所有地を長男にその $\frac{1}{3}$ を，次男に残りの $\frac{2}{5}$ を，三男にまたその残りの $\frac{3}{4}$ をゆずったが，なお 300 m² が残った。最初にあった所有地の面積はいくらか。

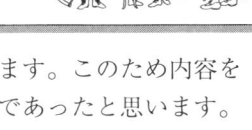

　この問題文は日常語で書かれています。このため内容を正しくとらえることは，比較的容易であったと思います。

　まず，本問の構造を見てみると，

「所有地の $\frac{1}{3}$，残りの $\frac{2}{5}$，またその残りの $\frac{3}{4}$」

となります。

　きわめて今日的なこの問題では，ほとんど意味の取り違えは起こらないと思いますが，考え方としては，図のように，所有地の全体を図解してみると誤解の入る余地がないでしょう。

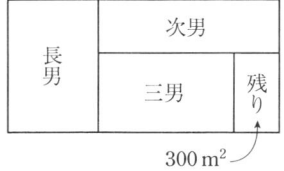

この図のように，問題の条件を視覚化する力は，前述した4つの視点のいずれにも大きな役割を果たす大切な力です。問題を視覚化することは，算数や数学に限らず他のいろいろな分野でも役に立つ力なのです。

　ところで，問題の構造・仕組みを，〈算数の方法〉，〈代数の方法〉から少し突っ込んで考えてみましょう。

　まずポイントの1つは，「所有地の面積をどう表現するか」です。所有地の広さについて「〈算数の方法〉なら全体を1」とみなしますが，「〈代数の方法〉なら求める所有地を $x\,\mathrm{m}^2$」と，文字を用いて直接に表現します。このことを覚えておいてください。

　さて，〈算数の方法〉と〈代数の方法〉の2つの方法で，この問題の解答を与えてみましょう。繰り返しますが，〈算数の方法〉とは，
「加減乗除の四則演算によって解く方法」
で，〈代数の方法〉とは，
「求める値を x, y などの文字を使って表し，式を立て，その式を考察して解く方法」
です。

◨ 算数の方法

所有地の面積を 1 とする。このとき,

長男の分は, $1 \times \dfrac{1}{3} = \dfrac{1}{3}$ （←全体の $\dfrac{1}{3}$）

次男の分は, $\left(1 - \dfrac{1}{3}\right) \times \dfrac{2}{5} = \dfrac{2}{3} \times \dfrac{2}{5} = \dfrac{4}{15}$ （←その残りの $\dfrac{2}{5}$）

三男の分は, $\left(1 - \dfrac{1}{3} - \dfrac{4}{15}\right) \times \dfrac{3}{4}$ （←またその残りの $\dfrac{3}{4}$）

$$= \left(\dfrac{15}{15} - \dfrac{5}{15} - \dfrac{4}{15}\right) \times \dfrac{3}{4} = \dfrac{6}{15} \times \dfrac{3}{4} = \dfrac{3}{10}$$

残りは,

$$1 - \dfrac{1}{3} - \dfrac{4}{15} - \dfrac{3}{10} = \dfrac{30 - 10 - 8 - 9}{30} = \dfrac{3}{30} = \dfrac{1}{10}$$

この $\dfrac{1}{10}$ が最初の所有地のうち, 残った面積 300 m² であるから,

（所有地の面積）：（残りの面積＝300 m²） $= 1 : \dfrac{1}{10}$

が成り立つ。したがって, 所有地の面積は

$$300 \times 10 = 3000 \text{ (m}^2\text{)}$$

…

である。

ここで, 解答の最後にある比例式の計算は,

（所有地の面積）：（残りの面積） $= 1 : \dfrac{1}{10}$

より

（所有地の面積）$\times \dfrac{1}{10} =$（残りの面積）$\times 1$

この両辺を10倍すると，
$$（所有地の面積）＝（残りの面積）\times 10$$
$$＝300\times 10\ (\mathrm{m}^2)$$
となります。

　この比例式の扱い方は，**算数では最重要と言える計算技法**です。つまり，算数が数学の基礎学力と言われる1つの理由が，この**分数計算および比例計算**なのです。

　中学入試で算数を懸命に学んだ生徒の特徴は，この2つの計算がことに強いと言われます。

　さて，算数の方法で重要なポイントを，もう一度見直してみましょう。

　それは，「最初の面積を1」としたところにあります。

　本来，分数で「ある量」を表現するときには，
「～を1として，その何分の何」
というように，「～を1として」という前提が大切であり，これがなければ正確な表現とは言えません。ところが，この問題でもそうですが，算数の問題では往々にしてこの「～」の部分を文章の解釈をして読み解かなければなりません。

　この欠けている部分を補うこと，すなわち，「所有地を1とする」ことにより，長男，次男，三男の土地を順次計算できたのです。このような分析の上で，題意の「所有地の $\frac{1}{3}$ を長男に」が理解できるわけです。すなわち，所有地の面積に対して3分の1なのですから，
「所有地の広さをあらかじめ設定しておかないと，その3

分の1が表現できない」
のです。

$\frac{1}{3}$	$\left(1-\frac{1}{3}\right)\times\frac{2}{5}$	
	$\left(1-\frac{1}{3}-\frac{4}{15}\right)\times\frac{3}{4}$	300 m²

←―――1―――→

　言い換えれば，

「全体を1と表現することで$\frac{1}{3}$倍が表現でき，次の$\frac{2}{5}$倍も表現できる」

のです。このつながりを分析できるかが，解答にたどり着けるか否かの分かれ目になっているのです。

　もちろん，〈代数の方法〉でもこの問題の構造は変わりません。代数的な考え方では，

「文字を使って表現する」

ことです。すなわち，求める所有地の面積を，直接 x（m²）と表現できるのです。したがって，代数の方法は，それだけ直截的で考えやすく，しかも題意の条件が表現しやすいのです。

　それではこの例題1を代数の方法で解いてみましょう。

代数の方法

　所有地の面積を x（m²）とおいて，この x の値を求める。
　このとき，

　　長男の分は，　$x \times \frac{1}{3} = \frac{1}{3}x$

次男の分は，$\left(x-\dfrac{x}{3}\right)\times\dfrac{2}{5}=\dfrac{4}{15}x$

三男の分は，$\left(x-\dfrac{x}{3}-\dfrac{4}{15}x\right)\times\dfrac{3}{4}=\dfrac{3}{10}x$

残りは，$x-\dfrac{x}{3}-\dfrac{4}{15}x-\dfrac{3}{10}x=\dfrac{x}{10}$

と表せるが，この残りが 300 m² であるから，等式

$$\dfrac{x}{10}=300\ (\text{m}^2)$$

が得られる。よって，求める所有地は

$$x=300\times 10=3000\ (\text{m}^2)$$ ⋯

である。

この代数の方法の特徴は，求める面積を x とおいて，x に関する等式（この場合は x の1次方程式）を作ることです。この等式が解ければ，所有地の面積 x の値が求められるのです。

この構造をきちんととらえることです。

所有地を $x\,\text{m}^2$ とする

| $\dfrac{1}{3}x$ | $\dfrac{4}{15}x$ | |
| | $\dfrac{3}{10}x$ | 残り |

例えば三男の分は，

$$\left(x-\dfrac{1}{3}x-\dfrac{4}{15}x\right)\times\dfrac{3}{4}$$

もとの面積　　長男の面積　　次男の面積

となり，これを計算して $\frac{3}{10}x$ と導き出せばよいのです。

したがって，残りは，当然
(元の面積) − {(長男の分) + (次男の分) + (三男の分)}
= 300（m²）
となり，等式が得られるのです。

この程度であれば小学校の高学年の生徒でも，基本的な文字式の計算を学べば代数の方法によって解くことができるようになり，相当に高いレベルの問題にまで挑戦できるでしょう。

この2通りの解答から，算数・数学の間に横たわるある視点のうち，「**読解・分析力**」の中の「**問題の構造分析力**」の概観はある程度ご理解いただけたと思います。

以下では，読解・分析力が決め手となる有名な文章問題を，演習形式で解いていってみましょう。

挑戦問題1 仕事算

レンガ積みの工事がある。これを1人で完成するには，Aは6日，Bは5日，Cは10日かかるという。この3人が一緒に2日間働いたとすると，工事の残りは全体のどれほどか。

算数の問題では，本問を「仕事算」と呼び，古くから算術の代表問題になっています。

さて，問題の構造はどのようになっているのでしょうか。

問題の構造は，仕事全体の量を1とみなすことで，**A，B，Cの1日の仕事量が表現できる**ことです。つまり，**全体の仕事量を基準として，ほかの仕事量を算出していく**ことが大切です。

算数の方法

全体の仕事量を1とすると，A，B，C 3人の1日の仕事量はそれぞれ次のように分数で表せる。

Aは6日を要するので，1日の仕事量は $\dfrac{1}{6}$

Bは5日を要するので，1日の仕事量は $\dfrac{1}{5}$

Cは10日を要するので，1日の仕事量は $\dfrac{1}{10}$

したがって，3人が協力して1日働けば，1日の仕事量は

$$\frac{1}{6}+\frac{1}{5}+\frac{1}{10}=\frac{7}{15}$$

となる。よって，3人が協力して2日働けば，その仕事量は

$$2\times\frac{7}{15}=\frac{14}{15}$$

となり，残りの仕事量は全体の

$$1-\frac{14}{15}=\frac{1}{15} \qquad \cdots \text{}$$

となる。

第1章　問題文の読み方

◉ **代数の方法**

ある工事の全量を x とすると，

Aの1日の仕事量は　$\dfrac{1}{6}x$

Bの1日の仕事量は　$\dfrac{1}{5}x$

Cの1日の仕事量は　$\dfrac{1}{10}x$

である。よって，3人一緒に2日働くと，その仕事量は，

$$2 \times \left(\dfrac{1}{6}x + \dfrac{1}{5}x + \dfrac{1}{10}x\right) = \dfrac{14}{15}x$$

である。したがって，工事の残量は $x - \dfrac{14}{15}x = \dfrac{1}{15}x$

すなわち，工事の残量は全体の $\dfrac{1}{15}$　　　…

次の問題も，例題1と同じ考え方で処理できます。

┃例題2　還元算（1）┃

> A氏が旅行に出かけた。まず所持金の $\dfrac{1}{2}$ を旅費として使い，次に残りの $\dfrac{3}{5}$ をホテル代に使った。最後に残金の $\dfrac{1}{4}$ でお土産を買ったところ，1万2000円が残った。最初の所持金はいくらか。
>
>

この種の問題を「還元算」と呼ぶことがあります。

それは，この問題の構造が，次の解答のように，最後の条件から順次，逆算して，結論を引き出すことができるからです。その考え方が次の解答です。

「残金の$\frac{1}{4}$を支払って，1万2000円が残る」

これを基準にして条件を図示すると，次のようになります。

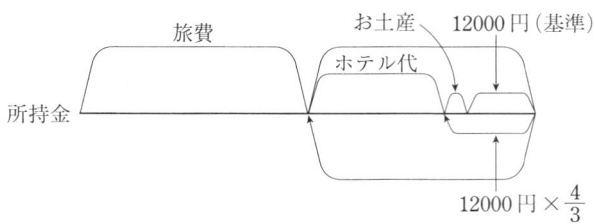

算数の方法

お土産の$\frac{1}{4}$を支払った残りは $1-\frac{1}{4}=\frac{3}{4}$

これが12000円に相当するので，お土産を買う前の所持金は

$$12000\div\left(1-\frac{1}{4}\right)=12000\times\frac{4}{3}=16000\ （円）$$

この1万6000円は，ホテル代として支払った$\frac{3}{5}$の残りの$\left(1-\frac{3}{5}\right)$に相当するので，ホテル代を支払わない前の所持金は

$$16000\div\left(1-\frac{3}{5}\right)=16000\times\frac{5}{2}=40000\ （円）$$

さらに、この 4 万円は、旅費として支払った $\frac{1}{2}$ の残りであるから、A 氏の所持金は、

$$40000 \div \frac{1}{2} = 80000 \quad (円) \quad \cdots \text{答}$$

である。

このように還元算は、とても面白い考え方でしょう。以上からもわかるように、算数の内容は、構造的に本当に奥深いものがあるのです。それは、攻める計算の道具というものが、四則演算だけに限定されているからなのです。

本問を代数的に考えると、次のようになります。この解法には、味わいというものが希薄に感じられます。

代数の方法

A 氏の所持金を x 円とすると、題意の条件より

旅費は、$\frac{1}{2}x$ （円）

ホテル代は、$\left(x - \frac{1}{2}x\right) \times \frac{3}{5} = \frac{3}{10}x$ （円）

お土産代は、$\left(x - \frac{1}{2}x - \frac{3}{10}x\right) \times \frac{1}{4} = \frac{1}{20}x$ （円）

と表せる。その結果、残金は

$$x - \frac{1}{2}x - \frac{3}{10}x - \frac{1}{20}x = \frac{3}{20}x \quad (円)$$

となる（次ページ図参照）。

所持金を x 円とする

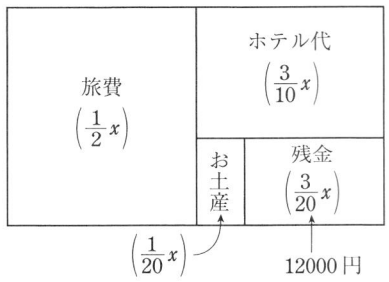

題意より残金は1万2000円に相当するから，

$$\frac{3}{20}x = 12000$$

が得られる。よって，

$$x = 80000 \text{（円）}$$

すなわち，所持金は8万円である。　…

　算数の方法で考えると，いろいろな解き方が可能ですが，代数の方法は，前問と同様に，解き方は一通りで，しかも定型的になってしまうのです。

　これでは，問題それ自体にもあまり深みがなくなってしまいますが，これが代数の方法の特徴なのです。この万能薬的な方法が〈代数の方法〉の強みであり，またとない利点になるわけです。

第1章　問題文の読み方

挑戦問題2　還元算（2）

ある人が，遺産の $\frac{1}{2}$ を妻に，その残りの $\frac{2}{15}$ ずつを3人の娘に，残りをひとり息子の長男に与えた。長男が所得した金額は4620万円であった。遺産総額はいかほどか。

これも「**還元算**」です。ここでは，前問とは別な解き方をしてみます。

◉ 算数の方法

遺産の総額を1とする。

妻の相続分は $\frac{1}{2}$ である。

娘1人の相続分は，残りの $\frac{2}{15}$ であるから，

$$\frac{1}{2} \times \frac{2}{15} = \frac{1}{15}$$

したがって，3人の娘の相続分は

$$3 \times \frac{1}{15} = \frac{1}{5}$$

となる。よって，妻と3人の娘の相続分は，全体の

$$\frac{1}{2} + \frac{1}{5} = \frac{7}{10}$$

である。したがって，息子の相続分は，

$$1 - \frac{7}{10} = \frac{3}{10}$$

この $\frac{3}{10}$ が 4620 万円に相当するから，求める遺産総額は，

$$4620 \times \frac{10}{3} = 15400 \quad (万円)$$

である。

◉ 代数の方法

遺産の総額を x 円とすると，題意は，等式

$$x - \left(\frac{x}{2} + \frac{x}{2} \times \frac{2}{15} \times 3 \right) = 4620$$

で表せる。これを解いて

$$\frac{3}{10} x = 4620$$

よって，$\qquad x = 15400 \, (万円)$

である。

34

第1章　問題文の読み方

読解・分析力　2．問題の条件を把握できる力

　読解・分析力を構成する力として，問題の条件を正しく把握する力も必要不可欠です。

　問題文を正しく読むとは，問題の条件を正確に把握することでもあります。

　次の例題は，与えられた条件をいかに的確に把握するかが問われている問題と言えます。このような問題を経験することにより，読解・分析力は確実に身についてくるのです。

例題3　置換法の問題（1）

　ビール5本とワイン2本との値段の合計は6100円である。ワイン1本の値段はビール1本の値段より2000円高いという。ビールとワインそれぞれ1本の値段はいくらか。

　本問の条件は，次の2つです。
1)（ビール5本）+（ワイン2本）= 6100円
2)（ビール1本）+ 2000円 =（ワイン1本）

　これら2つの条件を正確に読み取ることができるかがポイントです。

　このとき，ワインの値段とビールの値段を一度に求めることは困難です。ですから，どちらか一方を求めることを目標にしなければなりません。

　この条件の下で問題を見直したとき，ワインをビールで

言い換えることができることがわかります。条件を図解すると，その特徴がもっと明確になります。

ここで，ビール1本を○，ワイン1本を△とすると，先の条件は

1) ○○○○○＋△△＝6100円
2) △＝○＋2000円

で表せます。すると，△を○に置き換えることは容易ですね。1) より

○○○○○＋(○＋2000)＋(○＋2000) ＝ 6100円

このような分析ができるのは，条件をきちんと把握しているからなのです。

算数の方法

6100円は ｛ビール (5＋2) 本＋4000円｝ に相当するから，ビール1本の値段は，

$$(6100 - 4000) \div (5 + 2) = 2100 \div 7$$
$$= 300 (円) \quad \cdots 答$$

となる。

したがって，ワイン1本の値段は，ビールより2000円高いから

$$300 + 2000 = 2300 (円) \quad \cdots 答$$

である。

前記の解法では，ワイン1本の値段をビールの値段に置き換えて解きましたが，このような問題を「**置換法の問題**」と呼ぶことがあります。

前述した条件のとらえ方とその使い方にみられるように，分析を行い，問題の設定を読み換えて解くのが，算数

の問題ならではの「妙味」と言えましょう。

この問題を代数の方法で考えますと，実に単純になり，算数の方法ほどの妙味というものがありません。

算数で効力を発揮した「置き換え」は，代数の方法では「文字の消去」という定型的な扱いとなり，思考の部分が希薄になってしまいます。

▶ 代数の方法

求める値段は，ビール1本とワイン1本の値段であるから，それぞれを x 円，y 円とする。

このとき，

ビール5本の値段は，　$5 \times x = 5x$（円）

ワイン2本の値段は，　$2 \times y = 2y$（円）

と表せる。これらの値段の合計は総額6100円であるから，等式

$$5x + 2y = 6100 \quad \cdots ①$$

　　　　　　　　　　　　　　　　　　← 1）に対応

が成り立つ。また，ワイン1本の値段はビール1本の値段より2000円高いので，

$$y = x + 2000 \quad \cdots ②$$

　　　　　　　　　　　　　　　　　　← 2）に対応

が成り立つ。

以上より②の y を①に代入して，y を消去すると

$$5x + 2(x + 2000) = 6100$$

よって，　　$7x = 6100 - 4000 = 2100$

これより $x = 300$。x と②より，$y = 300 + 2000 = 2300$

よって，ビールの値段は300円，ワインの値段は2300円である。　　　　　　　　　　　　　　　　　　　…**答**

この代数の方法のポイントは，
「ビール1本をx円，ワイン1本をy円」
とおくことで，文章の条件がすべて表現できてしまうところにあります。つまり，代数の方法では，x, yという文字を使って，**題意の条件を過不足なく直接表現できる**ことが特長と言えるのです。

　もし，題意の条件がx, yだけの2文字では十分に表現できないならば，x, y以外の文字を使ってもよいのです。代数では**文字の使用個数に制限はない**からです。

　しかし，**使用した文字の値が求められるには，使用する文字の個数と条件を表す等式の個数が同じでなければなりません**（整数などの特性の強い条件が別にあればこの限りではありません）。

　例題3でも，x, yの2文字に対して，①，②の2式が作れたので，x, yの値を決定することができたのです。

挑戦問題3　置換法の問題（2）

　米8kgおよび小麦3kgを買うと，代金の合計は2800円である。また，米4kgと小麦9kgを買うと，代金の合計は2600円であるという。米および小麦1kgの値段はいくらか。

　題意の条件をまず書き出してみましょう。
「米8kgと小麦3kgを買うと，代金の合計2800円」
「米4kgと小麦9kgを買うと，代金の合計2600円」

これらを式で表現すると次のようになります。

（米）8 kg ＋（小麦）3 kg ＝ 2800 　…①
（米）4 kg ＋（小麦）9 kg ＝ 2600 　…②

条件はこの2つしかありません。そこで，この2つの式に何か特徴がないかと考えると
「米は米同士，小麦は小麦同士を加えると，ともに 12 kg」という，条件の特性が見えてくるでしょう。この特性を利用するのです。

算数の方法

題意から，米 12 kg，小麦 12 kg を買うと，代金の合計は
$$2800 ＋ 2600 ＝ 5400（円）$$
となる。したがって，（米）1 kg ＋（小麦）1 kg の値段は
$$5400 ÷ 12 ＝ 450（円）\quad …③$$
である。

このことに着目して，①の米 8 kg のうちの 3 kg を小麦の 3 kg と一緒にすると，①は，

（米）5 kg ＋ {（米）3 kg ＋（小麦）3 kg} ＝ 2800

と表せる。③から {（米）3 kg ＋（小麦）3 kg} は 450 × 3（円）で置き換えられる。したがって，

（米）5 kg ＋ 450 × 3 ＝ 2800

よって，

（米）5 kg ＝ 2800 － 450 × 3 ＝ 1450

すなわち，（米）1 kg ＝ 1450 ÷ 5 ＝ 290（円）　…**答**

③より，（小麦）1 kg ＝ 450 － 290 ＝ 160（円）　…**答**
である。

算数の方法では，条件の読み換えを式の特徴から行いましたが，米 1 kg の値段を x 円，小麦 1 kg の値段を y 円とおけば，代数の方法そのものになります。すなわち，前頁の①，②は

$$8x + 3y = 2800$$
$$4x + 9y = 2600$$

となり，y を消去するという機械的な操作で解決できます。

　これに対して，算数の方法では，考え方は代数の方法とまったく同じですが，それを読解・分析力〈条件の読み換え〉から，推論で行うところに，算数の面白さ（難しさ）があり，それには思考の柔軟さが必要なのです。「**算数畏(おそ)るべし**」ですね。

　次の問題も，条件の読み換えの問題です。

例題 4　条件の読み換え問題（1）

　ある牧場で牛を 1 頭 650 万円で何頭か売り，牛の 2 倍の頭数の羊を 1 頭 60 万円で売ったところ，合計 2 億 3100 万円を得たという。この牧場で売った牛の頭数を求めよ。

　問題の条件を整理して書き出すと，頭数の間には
1) 羊の頭数は牛の頭数の 2 倍
と定められており，金額に対しては
2) 1 頭当たりの売値は，牛が 650 万円，羊が 60 万円
3) （牛の頭数 × 650 万円）＋（羊の頭数 × 60 万円）
　　＝ 23100 万円

が成り立っています。

さて、これらの条件をどう読み換えればよいでしょうか。

最終目標は「牛の頭数」ですが、付加的に「羊の頭数がわかってもよい」わけです。

1) より、「(牛1頭＋羊2頭) を1組」として考えるとどうでしょう。そうすると、1組の値段は、

$$650 + 60 \times 2 = 770 \text{（万円）}$$

と定まり、3) より、総売り上げが23100万円ということから、組数が定まります。

以上の分析から、次のような解答が得られます。

▶ 算数の方法

羊の頭数は牛の頭数の2倍であるから、

(牛1頭＋羊2頭) を1組

として、この1組の売値は

$650 + 60 \times 2 = 770$（万円）

であるから、売上総額が

23100万円となるには、この組数は

$$23100 \div 770 = 30 \text{（組）}$$

である。1組に牛は1頭ずついるので、30組では30頭いることになる。

以上より、売った牛は30頭である。 … **答**

この考え方の本質は、牛の頭数がわからない場合でも

(羊の頭数) ＝ (牛の頭数の2倍)

という条件から、羊の頭数を牛の頭数に置き換えて、解を求めることができる、ということです。

これは、例題3のワインの値段をビールの値段に置き換

えて解いたのと同じ考え方であり、同じ視点をもって条件をとらえたと言ってもよいでしょう。

それにしても、算数の解法には妙味というものが至る所にあるのです。算数学習の捨て難いところでしょう。

さて、それではこの問題を代数の方法で解いてみましょう。本問で求めるものは、牛の頭数ですから、これを x 頭として題意の条件を表します。

◉ 代数の方法

求める牛の頭数を x 頭とする。
このとき、羊の頭数は、牛の頭数の2倍であるから
$$2 \times x = 2x \,(\text{頭})$$
と表せる。したがって、牛と羊の売り値の合計は、
$$650 \times x + 60 \times 2x = 650x + 120x = 770x \,(\text{万円})$$
と表すことができる。これが、23100万円に等しいから、
$$770x = 23100$$
が成り立つ。これより、
$$x = \frac{23100}{770} = 30 \,(\text{頭})$$
よって、牛は30頭売った。　　　… 答

本問の解答では、文字を x だけしか使いませんでしたが、x, y の2文字を用いて表すこともできます。すなわち、
牛 x 頭、羊 y 頭とおくと、
$$y = 2x$$
の関係が成り立ち、さらに売却額から

$$650x + 60y = 23100 \text{（万円）}$$
が成り立つ。よって、この2式を連立させて解くと、
$$x = 30, \ y = 60$$
を得る。よって、牛は30頭。

いずれにせよ、解答では条件のとらえ方、考え方の過程（プロセス）、論理の進め方が明瞭であることが大切なのです。

挑戦問題4　条件の読み換え問題（2）

A, Bの2人がアーチェリー（弓）の矢を各々20回ずつ射た。命中した回数はAはBの3倍であり、命中しなかった回数はBはAの2倍であった。A, Bの2人が命中した回数はどれだけか。

考えの基本は、20回を命中と非命中の和で表すことです。

◉算数の方法

条件を書き出すと

「矢を射た回数はそれぞれ20回」	…(a)
「Aが命中した回数はBの3倍」	…(b)
「Bが命中しなかった回数はAの2倍」	…(c)

ということになる。

(a) の条件は　　20 =（A）命中 +（A）非命中　　…①

　　　　　　　　20 =（B）命中 +（B）非命中　　…②

43

(b) の条件は　　　　　(A) 命中 $= 3 \times$ (B) 命中　　　…③
(c) の条件は　　　　　$2 \times$ (A) 非命中 $=$ (B) 非命中　　…④
である。

③, ④より (B) の条件はそれぞれ

(B) 命中 $= \dfrac{1}{3}$ (A) 命中,　　　(B) 非命中 $= 2 \times$ (A) 非命中

と, Aの条件を用いて書き換えることができる。これらを用いて, ②の右辺の (B) の条件を (A) の条件に置き換えてみると

$$20 = \dfrac{1}{3} \times (A) \text{命中} + 2 \times (A) \text{非命中}$$

両辺を3倍すると

$$60 = (A) \text{命中} + 6 \times (A) \text{非命中} \quad \cdots ⑤$$

となる。よって, ⑤－①をつくると

$$40 = 5 \times (A) \text{非命中}$$

したがって　　　　　(A) 非命中 $= 8$
①より　　　　　　　(A) 命中 $= 12$ （回）　　… **答**

よって, ③より

$$(B) \text{命中} = \dfrac{1}{3} \times (A) \text{命中} = \dfrac{1}{3} \times 12 = 4 \text{ (回)} \quad \cdots \textbf{答}$$

代数的な方法は, 算数の方法に比べて簡潔です。

▶ 代数の方法

Aが命中した回数を x 回, 命中しなかった回数を $\bar{x}$ 回とすると,

$$x + \bar{x} = 20 \quad \cdots ①$$

が成り立つ。同様に, Bが命中した回数を y 回, 命中しなか

った回数を $\bar{y}$ 回とすると，
$$y + \bar{y} = 20 \quad \cdots ②$$
が成り立つ。
また，AとBに関する条件より
$$x = 3y, \quad 2\bar{x} = \bar{y} \quad \cdots ③$$
と表される。よって，③より
$$y = \frac{1}{3}x, \quad \bar{y} = 2\bar{x}$$

この y と $\bar{y}$ を②の左辺に代入すると
$$\frac{1}{3}x + 2\bar{x} = 20$$
すなわち
$$x + 6\bar{x} = 60 \quad \cdots ④$$
となる。よって，④から①を辺ごとに引くと
$$5\bar{x} = 60 - 20$$
よって， $\bar{x} = 8$
①より， $x + 8 = 20$
よって， $x = 12$（回） $\cdots$ 答
$$y = \frac{1}{3}x = \frac{1}{3} \times 12 = 4 \text{（回）} \quad \cdots 答$$

　この代数の方法は，算数の方法と解法の原理はほとんど同じです。代数の方法は，使う文字が x と $\bar{x}$, y と $\bar{y}$ の4つの文字とはっきりしているので，y と $\bar{y}$ を消去して x と $\bar{x}$ の連立方程式に持ち込むことが目標となります。

　しかし，この目標は算数の方法でも同じなので，2つの方法の違いは，条件を表現した式の見やすさの違い，ひい

ては，目標の立てやすさの違いとも言えるでしょう。

　以上で，読解・分析力を構成している力のうち「**条件を把握できる力**」がどのようなものであるか，また，この力を鍛えていくことが算数の勉強でも大切なことはわかったと思います。

　それでは，読解・分析力の3つ目の「**定義・定理や公式を復元できる力**」に進みましょう。

第1章 問題文の読み方

読解・分析力　3. 定義・定理や公式を復元できる力

　一見すると、算数にはあまり縁のなさそうな力と思われるかもしれません。

　しかし、「算数や数学の問題文の中に現れる言葉の意味をしっかりとらえる力」と言えば、納得される方も多いと思います。

　算数や数学の問題では、内容を示すのに術語（数学独自の言葉＝数学用語）を用いることは少なくありません。

　例えば、「素数」という言葉が現れたら、「素数とは1と自分自身以外に約数を持たない数で、1を除く」と、その内容を正確に復元できなければ、その問題の本質をつかむことは至難の業となり、問題を解くことは不可能です。読解・分析力として、この力も不可欠の力なのです。

　味も素っ気もない言い方かもしれませんが、算数・数学の問題文を簡潔に、しかも正確に書くには、どうしても数学用語を用いざるを得ないのです。ところが、数学用語がそのまま日常語のように使われているとき、題意を理解していると思っていても、その本質をつかみきれていないことが往々にして起こるのです。

　また、大切な条件となる用語をわかったつもりになって、それを深く考えようとしないことも起こります。その結果、解ける問題も解けなくなってしまうのです。

　例えば、算数には、有名な**「旅人算」**という問題があります。まずこの旅人算の具体的な問題に当たって、この**定**

義・定理や公式を復元できる力というものを実感してみましょう。

例題5　旅人算（1）

A，B 2人が300 km離れた地点にいる。Aは毎時15 kmの速さで自転車に乗り，Bは毎時60 kmの速さでオートバイに乗って，同時に相向かって出発したという。2人は出発後何時間で出会うか。

この問題は「**旅人算**」のうちの「**出会い算（出会いの問題)**」と言われる算数の代表的な問題です。

まず問題文の要素を書き出してみましょう。自転車やオートバイなど本質に絡まない単語を除いて書き出すと，
(a) Aは毎時15 km，Bは毎時60 kmの速さで進む
(b) AとBは300 km離れている
(c) AとBが同時に相向かって進む
(d) AとBは出発後何時間で出会うか
となります。

さらに，これらの内容を分析してみましょう。

(a) について分析してみます。

使っている言葉で注目しなければならないのは，「毎時○○ kmの速さ」という条件です。この文節は日常語のようですが，実は，これは術語です。したがって，この問題

を解くときの第 1 のポイントは、この術語の正確な理解なのです。

「速さ」は、算数・数学はおろか日常語化していますが、自然科学における定義（約束）の下では、

$$（速さ）＝（移動距離）÷（所要時間） \quad \cdots ①$$

と定められているのです。

そして、速さの単位が「毎時〇〇 km」であることを理解していなければなりません。

なお、このときの単位は、

時速は（km／時間）、分速は（m／分）、秒速は（m／秒）

と表します。これも立派な数学の用語なのです。

（注）ここで用いている「速さ」の定義は、正確には「速度」の定義であり、速さは「速度の絶対値」として定められます。算数学習では速度も正のものだけを扱うのでこれを「速さ」と呼んでいます。ですから、ここで使っている速さはすべて速度で書き換えた方が正確な表現となります。

旅人算のように、**時間、距離、速さ**が中心となっている問題では、**この定義を正確に復元する力**が必須となってきます。

①の定義は

$$（速さ）×（時間）＝（距離） \quad \cdots ②$$

または

$$（距離）÷（速さ）＝（時間） \quad \cdots ③$$

のようにも読み換えることができるのです。そして、このように読み換えた式を「**公式**」として覚えておくことも大切です。

　問題文を読むときに、①の定義をもとにして、②や③を正確に復元することができれば、この問題の第一関門は容易に通過できるのです。

　このように、問題文の中に、**何気なく日常語らしく使われている術語に注目し、それを正確に復元する**という文章の読み方は、算数学習を始める小学校低学年の時期から育(はぐく)んでいかなければならない、大切な力なのです。

(b) について、ここではとくに分析することはありません。これは日常語そのものであり、この中身を誤解や曲解することはまずないと思います。

(c) について分析してみましょう。

　これも日常語だけで成り立っています。しかし、ポイントの第 2 は、この分析とそれに対する扱い方にあるのです。すなわち、「**相向かって進む」ということを、解答の中でどのように表現するか**です。この分析の中に算数、数学に共通した大切な見方が潜んでいるのです。

　2 人が同時に勝手に動くとき、その行動を単純化するために、1 人を固定し、残りの 1 人の行動を観察する方法です。すなわち、2 人が同時に動くようなときには、まず、
一方を止めてみる
と考えやすくなるのです。

　ここでも、

（イ）AをとめてBのみが進むとすると，毎時 60 km ずつ Aに近づく
（ロ）BをとめてAのみが進むとすると，毎時 15 km ずつ Bに近づく
（ハ）2人がともに動き出すと，2人は毎時 (15 + 60) km ずつ近づく

このように，一方を固定し単純化すると，物事の本質はわかりやすくなるのです。

(d) について，分析してみましょう。

これはすべて日常語です。読み取らなければならないことは，最終目標です。すなわち，「所要時間を求める」ことがわかれば十分です。

これまでの分析から，「**出会い算**」の問題では，視点を変えて，**3人目のCという人を想定し，Cの立場で考えてみる**のも一つの方法です。すると，この問題は次のように書き換えることもできます。

> Cが毎時 (15 + 60) km 進むとき，300 km を進むのに何時間かかるか？

定義の正確な復元だけで，与えられた問題は，前述のように単純な問題に言い換えられ，解答が容易に求められる場合もあるのです。

それでは算数の方法で解答をまとめてみましょう。

▶ 算数の方法

求める時間は
$$300 \div (15 + 60) = 300 \div 75 = 4$$
したがって，A，B の 2 人は 4 時間後に出会う。　…答

旅人算の出会い算の問題では，いつも 49 ページの①や②，③から考えるだけではなく，2 人の距離を d，A の速さを V_A，B の速さを V_B で表すと，2 人が出会う時間は
$$(2 人の距離 d) = (V_A + V_B) \times (出会う時間)$$
より
$$(出会う時間) = \frac{d}{V_A + V_B} \quad \cdots ④$$
で求めることができます。

そして，出会い算では，いつも④が成り立つのです。このような式を，**数学では「公式」**と呼び，与えられた問題が，「旅人算の出会い算」であることを見抜けば，余計な分析をすることなく，④の式に当てはめて結論を得ることができるのです。

この問題では
$$d = 300 \text{ km}, \ V_A = 15 \text{ km}/時間, \ V_B = 60 \text{ km}/時間$$
ですから，
$$出会う時間 = \frac{300}{15 + 60} = 4$$

第1章　問題文の読み方

と瞬時に求まってしまいます。

　問題文を読みこなしたとき「旅人算の出会い算」であることまで，看破することができれば，④に当てはめるだけで，容易に目標に達することができるのです。

　算数においても，公式の正確な復元は，問題を解く上で重要な力となるのです。

　では，代数の方法で解くと，どうなるでしょうか。

　代数の方法では，最終目標である，「2人は出発後何時間で出会うか」に着目し，「t 時間後に出会う」として文字 t を使って表現すればよいことがわかれば，

$$（速度）\times（時間）=（進んだ距離）$$

という単純な定義を復元するだけで，t 時間に進んだ2人の距離が 300 km ということをそのまま表現すればよいのです。

　すなわち，A が t 時間自転車をこぐと，
$$15 \times t = 15\,t \text{ (km)}, $$
B が t 時間オートバイを運転すると，
$$60 \times t = 60\,t \text{ (km)}$$
進み，A と B は出会う。

　このことを図示すると，次のようになります。

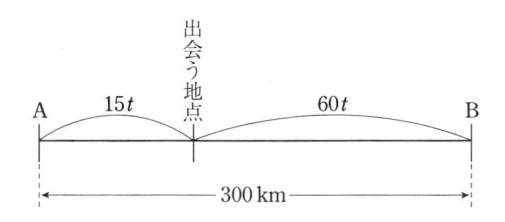

図からもわかるように，等式
$$15t + 60t = 300$$
という t についての1次方程式が得られます。

以上をまとめて解答を作ると，次のようになります。

代数の方法

2人が出発して t 時間後に出会うとすると，その間にAは $15t$ km，Bは $60t$ km 進んだことになる。これらの進んだ距離の和が 300 km になればよい。よって，
$$15t + 60t = 300$$
が成り立つ。これを解くと，$(15 + 60)t = 300$ より
$$t = \frac{300}{15 + 60} = 4 \text{（時間）} \quad \cdots ⑤ \quad \cdots \text{答}$$

ここで「旅人算の出会いの問題」の解答に対して，〈算数の方法〉と〈代数の方法〉を検証してみましょう。

注目して欲しいところは，52ページの④の公式と，代数の方法における⑤の式です。この2つの式から，「旅人算」のような問題では，〈算数の方法〉でも〈代数の方法〉でも，実質的にはまったく同じ解答手順を踏んでいるということです。

代数の方法でも，解答の冒頭に思考過程を，丹念に順を追って推論を推し進めているわけです。このとき，定義や定理を正しく復元しなければならないことは，算数でも数学でもまったく同じなのです。

$$t = \frac{d}{v_A + v_B}$$

第1章　問題文の読み方

挑戦問題5　旅人算（2）

950 m 離れた2つの地点から，A は毎分 83 m，B は毎分 75 m の速さで相向かって進むという。4分後には，2人の距離はどれくらいか。

▶算数の方法1

B が止まっているとすると，A は1分間に 83 m B に近づくから，4分間では

$$83 \times 4 = 332 \text{ (m)}$$

近づく。

A が止まっているとすると，B は1分間に 75 m A に近づくから，4分間では

$$75 \times 4 = 300 \text{ (m)}$$

近づく。

よって，互いが同時に相向かって出発すると，4分間では

$$332 + 300 = 632 \text{ (m)}$$

近づく。

したがって，4分後の2人の距離は

$$950 - 632 = 318 \text{ (m)} \quad \cdots \text{答}$$

公式を用いた解答をしてみましょう。

問題文を読んだ後，この問題が「旅人算の出会い算の問題」であることがわかれば，次のように瞬時に求めることができます。

▶算数の方法2

A の速さ：$V_A = 83$ (m/分)，B の速さ：$V_B = 75$ (m/分)，
進んだ時間：$t = 4$ (分)

として公式

　　(2人の近づいた距離の和 d) $= (V_A + V_B) \times$ (時間 t)

を用いると

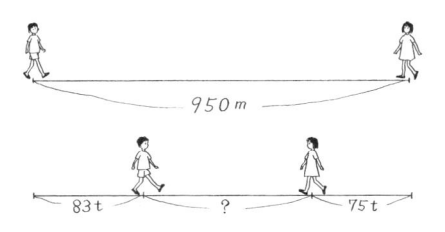

$$d = (83 + 75) \times 4 = 632 \text{ (m)}$$

となる。よって，4分後のAB間の距離は，残りと考えて

$$950 - 632 = 318 \text{ (m)}　　　\cdots 答$$

である。

次の問題も「旅人算」です。

例題6　旅人算（3）

　A，Bの2人が一緒に同じ方向に8km進んだとき，Aは出発地点に忘れ物をしたことを思い出して引き返し，忘れ物をとってすぐにBを追いかけた。引き返した時点からAは毎時6kmで歩き続け，Bは毎時4kmでそのまま先に進んだ。Aは引き返したときから何時間でBに追いつくか。

　この問題は，「旅人算」の中の「**追い越し算**」の問題で

す。実は,「追い越し算」にも公式があるのですが,ここでも,その公式を導くつもりで考えてみましょう。

　まず条件の確認をしましょう。もちろん文節ごとにでしたね。
(a) AとBは一緒に出発し,出発地点より8kmの地点でAが忘れ物に気づく。
(b) Aだけ出発地点に引き返し,引き返したときからの2人の速さは,Aが毎時6km,Bは毎時4kmで先に進む。
(c) Aは出発地点に着き,すぐにBを追う。
(d) 2人が別れてから何時間で,AはBに追いつくか。

　(a) については,前述のように,文節ごとに書き出すと,意味がとりにくいところはないでしょう。
　内容を分析しなければならないのは (b) 〜 (d) です。この状況を把握するためには図解することが賢明です。

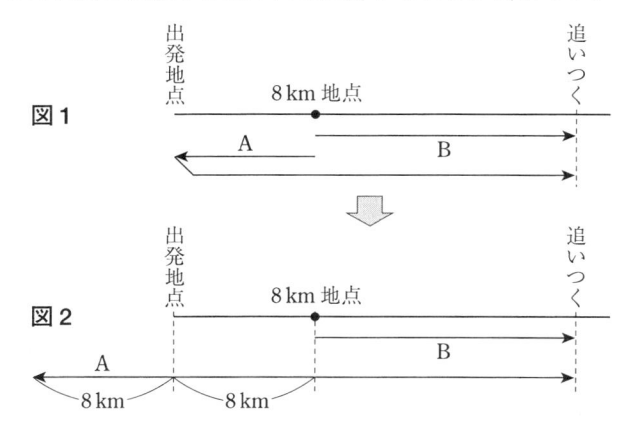

図1

出発地点　　8km地点　　追いつく
　　　　　A　　　　　B

⇩

図2

出発地点　　8km地点　　追いつく
　　　　　　　　　　　B
A
8km　8km

図2から，この問題は視点を変えて書き換えると，
「AはBより
$$8\,\text{km} + 8\,\text{km} = 16\,\text{km}$$
後方におり，Aが毎時6km，Bが毎時4kmの速さで進むとき，何時間後にAはBに追いつくか」
という問題と同じであることがわかります。すると，1時間当たりAはBに
$$6\,\text{km} - 4\,\text{km} = 2\,\text{km}$$
近づくことになります。
　以上を解答にまとめてみましょう。

▶ 算数の方法

　A，Bの位置を引き返しの地点から見ると，AはBに
$$8\,\text{km} \times 2 = 16\,\text{km}$$
遅れて歩いている。したがって，Bが停止した状態でいると考えると，Aは毎時
$$6\,\text{km} - 4\,\text{km} = 2\,\text{km}$$
でBに近づくことになる。よって，その追いつく時間は

$$8\,\text{km} \times 2 \div (6\,\text{km/時} - 4\,\text{km/時}) = \frac{8\,\text{km} \times 2}{6\,\text{km/時} - 4\,\text{km/時}}$$
$$= 8\,(時間) \quad \cdots \text{\large 答}$$

　上の解答を導く過程からもわかるように，旅人算の追い越しの問題では，次の公式が成り立ちます。すなわち

$$\boxed{\;(追いつく時間) = \frac{\text{AB間の距離}\;(d)}{V_A - V_B} \iff t = \frac{d}{V_1 - V_2}\;}$$

本問では，上の公式に

第1章 問題文の読み方

$d = 8\,\text{km} \times 2$, $V_A = 6\,\text{km}/$時, $V_B = 4\,\text{km}/$時
を当てはめればよいことになります。

次に,本問を代数的な方法で解いてみましょう。
Aが引き返してからBに追いつくまでの時間を t (時間)とし,t 時間で歩く2人の歩いた距離に着目するのです。
解答を作ってみましょう。

代数の方法

Aが引き返してから,Bに追いつく時間を t 時間とし,2人の歩く道のりを図示すると,次のようになる。

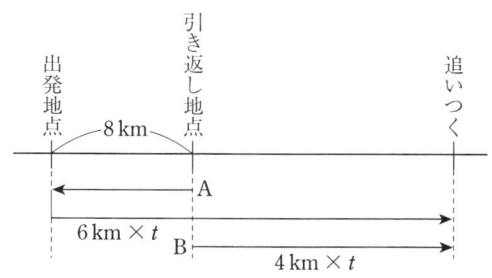

ここで,

A が歩く距離は $6\,\text{km} \times t = 6t$ (km)
B が歩く距離は $4\,\text{km} \times t = 4t$ (km)

である。

この距離の差は,Aが忘れ物をとりに歩いた往復の距離に等しい。よって,

$$6t - 4t = 8 \times 2$$

が成り立つ。よって,

$$t = \frac{8 \times 2}{6 - 4} = 8\ (\text{時間}) \quad \cdots \text{答}$$

この代数の方法で，考え方の中心となるのは，

$$\begin{pmatrix} 忘れ物をとりに \\ 往復する道のり \end{pmatrix} = \begin{pmatrix} 2人がt時間で \\ 歩く距離の差 \end{pmatrix}$$

となることです。

算数の考え方では，Bを停止させ，相対的な速さとして，

6 km/時 − 4 km/時 ＝ 2 km/時

をAの速さとしましたが，代数の方法では，その必要はありません。AもBも歩き続けていることを，時間 t を使って表現すればよいのです。

やはり，代数の考え方は直截簡明です。それに対して，算数の考え方は婉曲的というか，ひとひねりしています。この点に魅力を感じている人もいるのですが……。

挑戦問題6 旅人算（4）

姉弟2人が一緒に家を出発し，6 km 行ったとき，姉が忘れ物に気づいて家に引き返し，忘れ物をとってすぐに弟を追いかけた。

引き返すときからの速さが，姉は毎時7 km，弟は5 km だと，姉は弟に，引き返したときから何時間後に追いつくか。

───────────────

例題6と同じく，算数の方法でも代数の方法でもできます。どちらの方法も条件を正しく読み取ることですね。

◆ 算数の方法

姉，弟の位置を引き返しの地点から見ると，姉は弟に

$$6\,\text{km} \times 2 = 12\,\text{km}$$

遅れて歩き始めたに等しい。したがって，弟が停止した状態でいると考えると，姉は毎時 $7\,\text{km} - 5\,\text{km} = 2\,\text{km}$ の速さで弟に近づくことになる。

よって，その追いつく時間は

$$\frac{6\,\text{km} \times 2}{7\,\text{km}/\text{時} - 5\,\text{km}/\text{時}} = \frac{12}{2} = 6 \quad (\text{時間}) \quad \cdots\text{答}$$

代数の方法も，例題6とまったく同じです。

◉ 代数の方法

引き返したときから，t 時間後に追いつくとすると

$$7t - 5t = 6 \times 2$$

これを解いて

$$t = \frac{6 \times 2}{7 - 5} = 6 \quad (\text{時間}) \quad \cdots\text{答}$$

以上で，読解・分析力がどのようなものであるかがおわかりいただけたと思います。

この読解・分析力という力の認識が，「算数はできたが数学になってからはチョット」という人を救っていく一つの視点です。

算数から数学へのスムーズな移行は，単に計算問題を繰り返すだけの学習では，決して身につきません。

本書で主張している4つの力を認識し，このもとで算数の問題を解くことが，算数の核心をついた学習なのです。

コラム 4×6と6×4のどちらが正しいか？

算数の教科書を執筆，作成する場合に守らなければならないのが，文部科学省（以下，文科省と略す）が作成した算数の「学習指導要領」というものです。

この要領の作成委員は，文科省の考えに近い自薦他薦された数学の先生方によって構成され，文科省の方針に従って，恣意的に内容を執筆すると言われております。

算数の授業も，実はこの指導要領に従って書かれた「学習指導書」によって行われます。いわば，授業の方針に一定の指針を与え，授業の内容に一定の枠をはめるのです。

最近では，「ゆとりの授業」の考えを受けて，算数の内容が，従来の3分の2になり，薄い内容がさらに薄くなりました。そのあおりを受けて，掛け算は2桁までと決められ，3桁の掛け算は教科書から姿を消すという大変な事態が起こり，そのため円周率 π は3.14ではなく，「3」でもよいという誤解が生まれたのです。

また，古くから火種になっているものに「6人の子どもにみかんを4つずつ与えると，みかんはいくつ必要か」という問題があり，大阪府のある小学生が $6 \times 4 = 24$ と答えてマチガイとされました。

先生は，1人4個だから，4個の6倍，つまり $4 \times 6 = 24$ が正解で，生徒の答は誤りであると言うのです。ところが，生徒は，1人に1個ずつ与えると6個必要になる。そこで，4個ずつ配るならその4倍，つまり $6 \times 4 = 24$ 個必要だと考えたのです。

これも立派な考え方です。この考え方を認めない教師とその指導書の方がおかしいのです。

第1章 問題文の読み方

コラム 幾何学を独習したリンカーン大統領

　アメリカの第16代大統領アブラハム・リンカーンと言えば，奴隷解放の父であり，アメリカの生んだもっとも偉大な政治家であり，卓越した文学的才能の持ち主であり，高い世界観と深い道徳性を兼ね備えた人物でした。

　しかし，彼の華々しい活躍に比べて，リンカーンは自分の生い立ちについては異常なまでに寡黙でした。それは，大工の父親と農婦の母親と妹の4人で，荒地を開拓した少年時代が過酷なまでに貧困であったからでしょう。その上，両親は文盲で，教養と言えるものが無い状態でした。リンカーンが11歳の時，母のナンシーが風土病にかかり，天に召されてしまい，一家はさらに暗いどん底の生活に落ち込みます。

　1年後，この家族に一条の明るい光が差し込んできました。父が再婚して，新しい母サリーを迎えたのです。クリスチャンのサリーは，未亡人ですでに3人の子持ちでしたが，先妻の子を自分の子と区別することなく育てました。

　新しい母は，リンカーンに字を教え，読書をすすめました。乾いた地面が水を吸収するように，彼は，教会の本棚にあったたくさんの本を読みます。とくに『聖書』『イソップ物語』『ユークリッド幾何学原本』の3冊を繰り返し愛読しました。

　少年時代に愛読した3冊の書物のお陰で，リンカーンは成人して，弁護士から政治家への道を志し，やがて大統領になっていくのですが，それは，彼の演説が聴く人の心に語りかけ，胸を打ったからです。リンカーンの名演説はどこから生まれたのでしょうか。

　彼の演説が人々の心を揺り動かすのは，『聖書』から学んだ深い信仰と確固とした世界観がその底流にあるからです。彼の

演説にちりばめられた人間の知恵と温かさと巧まざるユーモアのセンスは,『イソップ物語』から学びとったものですし,演説の簡明にして要領を得た一貫性のある文脈は,『ユークリッド幾何学原本』を通して学んだ,直截な論理性と明晰な判断力が下敷きになっていると言われています。

第2章

理解できる言葉で
言い換える

―― 翻訳力 ――

数学の問題の多くは日本語（日本語らしき言葉）で書かれています。したがって，問題文を読んだとき，何となく「わかった」と思っていることが少なくありません。ところが，いざ問題を解こうとすると，どこから手をつけてよいのか，何が目標なのかわからない場合が少なくありません。つまり，考え方の糸口すらつかめないのです。このようなとき，設定されている状況に対して，**視点を変えて，自分で理解できる言葉に言い換える**，すなわち，**同じ意味（同義，同種）を保ちながら，その言葉を他の言葉で言い換える**と，その本質が見え，展望が開ける場合があります。

　この行為に必要な視点は，第1章で解説した「読解・分析力」とは異なった視点であり，これを「**翻訳力**」としたのです。この翻訳力も，次の3つに分類できます。
①文字を使いこなす力
②図や表などを使いこなす力
③文章または式を言い換える力

　以下では，算数の問題を通して，問題の内容を理解するポイントである，上の①〜③の3つの力を解説しましょう。

　と言っても，実はすでに読解・分析力が中心であった第1章の問題に対しても，「最終結論を得る」ときに，すでにこの翻訳という行為は行われていたのです。例えば，「①文字を使いこなす」は代数の方法の解答において，
　　例題1では，所有地の面積を x（m²）とおく
　　例題2では，A氏の所持金を x（円）とおく

第 2 章　理解できる言葉で言い換える

というような方法を言い,
あることがらを文字 x に置き換える
ことで, 等式がスムーズに得られました。

　また,「②図や表などを使いこなす」は
　例題 5 では, A, B の 2 人が出会う地点を図解し,
　例題 6 では, A が B に追いつく状況を図解した
ような方法を言い, 問題の意味を変えずに, その内容を図を使って整理することで, その内容が視覚化され, 問題の設定条件が理解しやすくなりました。

　さらに,「③文章または式を言い換える」は, 代数のほとんどの問題で行われるように, 文字を使って式で表現したり, 逆に, 問題が複雑になればなるほど, 式を言葉で読み直したりする行為を言います。

　このように, 第 1 章で紹介した「読解・分析力」と, 本章で紹介する「翻訳力」, さらに 3 章以降で紹介する「目標設定力」「遂行力」など, 問題を解くときの背景にある 4 つの視点は, それぞれ独立した力ではなく, 互いに有機的に結びついた力なのです。

　この章では,「翻訳力」を強く意識しながら, この力というものを確認してみましょう。

| 翻訳力 | 1．文字を使いこなす力 |

　この力は，原則的には算数では登場しません。原則と言うのは，塾などでは四角（☐）や丸（○）を使って解答を指導していることもあるからです。

　文章を読んで，題意を正確につかむと，次に，その題意を，単純にしかも簡潔に表現することで，解法の糸口が見えてくることがあります。

　次の問題を考えてみましょう。

例題7　記数法の問題

　82と，その数字の順序を入れ替えた28との差は $82 - 28 = 54$ で，9の倍数になる。

　一般に，2桁の数と，その一の位と十の位を入れ替えた数との差は9の倍数になる。これを証明せよ。

　「証明せよ」と，一般的な事柄を証明することは算数の問題としては登場しません。しかし，「……9の倍数となると言えるか」程度であれば算数の遊び，すなわち，算数の問題としても扱えます。

　23なら $32 - 23 = 9$，
　35なら $53 - 35 = 18 = 9 \times 2$，
　78なら $87 - 78 = 9$，
　55なら $55 - 55 = 0 = 9 \times 0$，
　　……

第2章　理解できる言葉で言い換える

読者もいろいろな数で確かめてみてください。

算数の方法

$$82 - 28 = (8 \times 10 + 2) - (2 \times 10 + 8)$$
$$= (8 \times 10 - 8) - (2 \times 10 - 2)$$
$$= 8(10 - 1) - 2(10 - 1)$$
$$= 8 \times 9 - 2 \times 9$$
$$= (8 - 2) \times 9$$

となるが，この計算は，数字の8と2がほかの数字でも同じように扱える。したがって，ある2桁の数と，その一の位と十の位とを入れ替えた2桁の数との差は9の倍数になると言える。　…答

上の解答例では，厳密には「9の倍数になると言える」と結論づけるのは正しくない，というそしりを受けるでしょう。

このことを承知の上で，「解」としましたが，いろいろな数で実験することは，算数・数学では大切な姿勢です。

具体的な数の実験で成り立っていることがらを一般化することは，数学になってからの姿勢です。「一般化」が数学のあるべき姿の一面なのです。

次に示す代数の方法の解答で，文字が自由に利用できることはたいへん便利であって，代数という学問が，文字や記号の恩恵を多大に受けていることがよくわかるはずです。

代数に限らず，これから学ぶ数学では，**文字化と記号化に原動力があり，これこそ数学の近代化の核**とも言えるのです。

逆に，一般化された抽象的な問題の内容を理解するため，算数の方法で登場したように**具体化して様子をみる**ことは，次章に述べる目標設定力で解説した力にも通じるのです。

　さて，この問題の代数の方法による解答を考えてみましょう。基本的な考え方は文字を上手に使うことです。そこで，問題となるのは

2 桁の数すべてをどう表すか？

ということです。これが本問の最初に越えなければならないハードルです。具体化しましょう。例えば，82 という 2 桁の数の構造は

$$82 = 80 + 2 \\ = 8 \times 10 + 2 \times 1 \\ = 10 \times 8 + 1 \times 2$$

と 10 を基準にして表すことができましたね。また，72 は

$$72 = 70 + 2 = 10 \times 7 + 1 \times 2$$

となります。

　このことから，十の位の数字が a，一の位の数字が b で表されている，2 桁の数は

$$10 \times a + b$$

と，一般の形で表現できます。

　この事実を踏まえて，代数の方法による解答を作ります。

▶ 代数の方法

　一般に，2 桁の数の十の位の数字を a，一の位の数字を b とすると，その 2 桁の数は，

$$10a + b$$

第2章　理解できる言葉で言い換える

と表すことができる。

桁を表す数字の順を逆にした2桁の数は，十の位がb，一の位がaであるから，$10b + a$と表される。

よって，2数の差は
$$(10a + b) - (10b + a) = 10a + b - 10b - a$$
$$= 9a - 9b$$
$$= 9(a - b)$$
となる。この右辺の$9(a - b)$は9の倍数であることを意味している。よって，2桁の数と，その一の位と十の位を取り替えた数との差は，9の倍数である。　…　答

この解答の優れている点は，問題にしている2桁の数が，どのような数であっても成り立つという条件をa, bなどの文字を用いて表して，一般的に考えてしまうところです。この柔軟性というか融通無碍の点が，代数の長所です。

文字の利用

このような文字の使用によって，いろいろな問題を自由自在に考えることができるのが，代数の本領と言えるでしょう。

次の問題も，文字を使わないで解くことは，ほとんど不可能ですが，文字を使えば簡単に処理できる例です。

この問題の構造は，

3桁の数を一般的に表すにはどのように表現すればよいか，また，その表現の仕方をどのように利用するか，
ということです。

例題8 3の倍数となる数の条件

3桁の数の各位の数字の和が3の倍数であるとき，このような3桁の数は3の倍数であることを証明せよ。

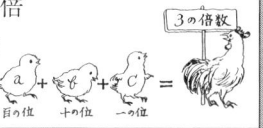

まず，例題7のように，一般の形に表すことを考えます。例えば，3桁の数を456とすると，

$456 = 400 + 50 + 6$
$= 4 \times 100 + 5 \times 10 + 6 = 100 \times 4 + 10 \times 5 + 6$

のように表すことができます。したがって，これにならって，一般には，

百位の数字をa，十位の数字をb，一位の数字をc

とおくと，すべての3桁の数は，

$$100a + 10b + c$$

と表示できます。

これを用いて，代数の方法で解答を作ってみます。

▶ 代数の方法

百の位，十の位，一の位の数をそれぞれa, b, cとおくと，一般に，3桁の数は

$$100a + 10b + c \qquad \cdots ①$$

と表すことができる。ここで，

各位の数字a, b, cの和が3の倍数であるという条件は

$$a + b + c = 3の倍数$$
$$= 3k \;(kは整数) \quad \cdots ②$$

と表すことができる。

したがって，②より

$$c = 3k - a - b$$

第 2 章 理解できる言葉で言い換える

と変形して、①に代入すると、

$$\begin{align}100a + 10b + c &= 100a + 10b + 3k - a - b \\ &= (100a - a) + (10b - b) + 3k \\ &= 99a + 9b + 3k \\ &= 3(33a + 3b + k) \\ &= 3 \text{ の倍数}\end{align}$$

が成り立つ。よって、題意は正しい。　　　　　… **答**

　この方法は、文字 a, b, c を用いたのでうまくいった例です。少しうるさく言えば、3 つの数 a, b, c に対して

　a, b, c は整数、$1 \leqq a \leqq 9$, $0 \leqq b \leqq 9$, $0 \leqq c \leqq 9$

という条件をみたしていると付け足ししなければなりませんが、これは**隠れた条件**であり、ここでは、常識的な前提条件として受け入れることにします。この条件の下で、a, b, c はどんな数字でもよく、したがって、題意をみたす 3 桁の整数は、すべて

　　　$100a + 10b + c$　　（$a + b + c = 3$ の倍数）

の形で十分なのです。

　この表現は、あくまで代数的な表示の仕方ですから、算数の場合は、個々の 3 桁の数を列挙することになり、十分性を示すことがどうしても難しいのです。

　ここに、代数の方法と算数の方法との決定的な差異があると思います。算数にとって、「**すべての整数について**」という一般論の議論ができないことが、最も大きな弱点ではないでしょうか。

| 翻訳力 | **2. 図や表などを使いこなす力** |

算数から数学へと発展していく過程で大きな原動力となったのが、この**視覚化・具象化していく力**です。

これを、数学史の観点から眺めてみましょう。

17世紀前半にフランスの数学者デカルト(1596〜1650)が、

「数や式を視覚的にとらえるには、どうすればよいか」

という問題を考え、**座標平面を考案し、それを利用する**ことで、見事に解決したのです。このことはきわめて大きい出来事でした。これが現在の解析幾何学の出発点になります。さらに

「私たちが見えるとおりに、立体図形を平面上に再現するにはどうすればよいか」

という問題を、デカルトと同時代に生き、17世紀中葉に活躍したデザルグ(1593〜1662)およびパスカル(1623〜1662)が解決し、射影幾何学を創造したのです。これが今日の建築学や機械学の設計の基礎になった射影図や投影図のはじまりなのです。

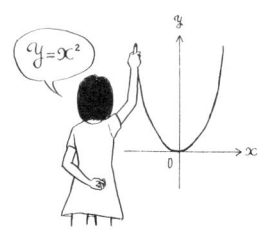

このように、数や式のように目に見えないものを見えるようにし、目に見えている立体を、その実物が再現できるように表現する方法や手段を考えたのが、17世紀の数学の業績の一つであったと言えるでしょう。

数学史の流れの中で、当然現れるべき考えや視点であったのですが、これを発見したのが、フランスの天才デカルトやデザルグだったのです。

　これらの視覚化・具象化する力こそ、対象に働きかけ、その対象を変化させる力なのです。

　では、図示することで全体の様子がよくわかる問題を考えてみましょう。有名な問題です。

例題9　ディオファントスの一生

　ディオファントス（246頃）というアレクサンドリアの有名な数学者の墓石には、次のようなことが書いてある。

「ディオファントスはその一生の $\frac{1}{6}$ を少年、一生の $\frac{1}{12}$ を青年、さらにその後は、一生の $\frac{1}{7}$ を独身で過ごした。彼は結婚して5年後に子どもが生まれ、子どもは彼より4年前に、彼の寿命の半分でこの世を去った」

　さて、ディオファントスは何歳まで生きたか。

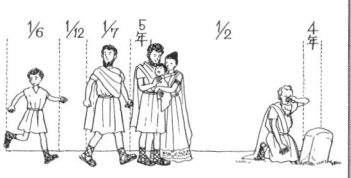

　算数の考え方は、条件が分数で提示されているので、例題1を思い出して、ディオファントスの一生を1として、彼の一生を図示してみることです。このとき、彼の年齢を解き明かすカギは、「結婚して5年後に子どもが生まれ」と「子どもは彼より4年前に……」といった、整数で表しているところにあります。この点に注意して、図解します。

ディオファントスの一生

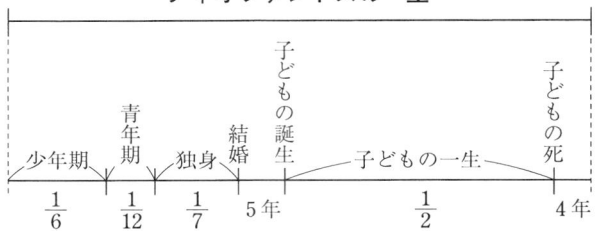

少年期 $\frac{1}{6}$ ／青年期 $\frac{1}{12}$ ／独身 $\frac{1}{7}$ ／結婚／子どもの誕生 5年／子どもの一生 $\frac{1}{2}$ ／子どもの死 4年

算数の方法

ディオファントスの一生を 1 とすると，結婚から子どもの誕生までの 5 年間と，子どもの死から彼の死までの 4 年間の計 9 年間が，分数で表せればよい。

分数で表された期間の合計は

$$\frac{1}{6} + \frac{1}{12} + \frac{1}{7} + \frac{1}{2} = \frac{25}{28}$$

である。したがって，1 と $\frac{25}{28}$ との差である

$$1 - \frac{25}{28} = \frac{3}{28}$$

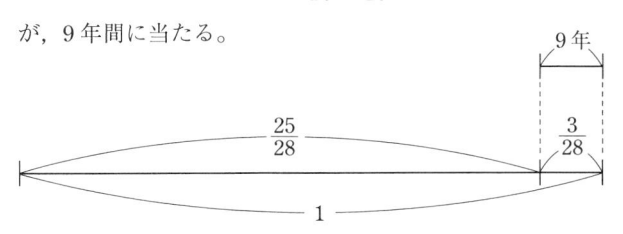

が，9 年間に当たる。

よって，ディオファントスの一生は，

$$9 \div \frac{3}{28} = 9 \times \frac{28}{3} = 84$$

となる。

よって，ディオファントスは84歳まで生きた。　… 答

以上の解き方は，例題1で経験したことですが，それに加えて，図を描いて考えたことが解答の助けになっていることが十分に理解されたことでしょう。

この問題を代数の方法を用いて解くと，次のようになります。

まず，ディオファントスの一生をx年と文字で表し，彼の一生を具象化（年数で表現）してしまうのです。算数の方法は，彼の一生を1として，仮の姿を見たのです。

つまり，xとおくことは，隠れた条件の意味や理由をはっきりさせる働きをするのです。代数の方法でも「図示」は大切な手段です。

▶ 代数の方法

ディオファントスの一生をx年とすると，条件より，次のような図が得られる。

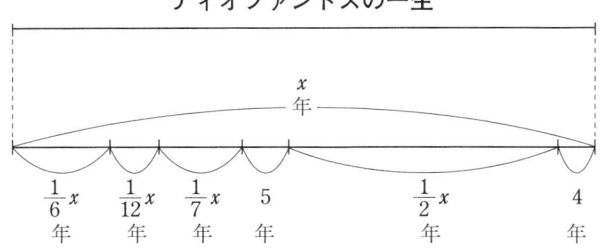

ディオファントスの一生

$\frac{1}{6}x$年　$\frac{1}{12}x$年　$\frac{1}{7}x$年　5年　$\frac{1}{2}x$年　4年

（全体：x年）

よって，xについての1次方程式

$$\frac{1}{6}x + \frac{1}{12}x + \frac{1}{7}x + 5 + \frac{1}{2}x + 4 = x$$

を得る。この左辺を計算すると,

$$\begin{aligned}
\text{左辺} &= \frac{1}{6}x + \frac{1}{12}x + \frac{1}{7}x + \frac{1}{2}x + 9 \\
&= \left(\frac{1}{6} + \frac{1}{12}\right)x + \left(\frac{1}{7} + \frac{1}{2}\right)x + 9 \\
&= \frac{3}{12}x + \frac{9}{14}x + 9 \\
&= \frac{1}{4}x + \frac{9}{14}x + 9 \\
&= \frac{25}{28}x + 9
\end{aligned}$$

となるので,上の方程式は, $\frac{25}{28}x + 9 = x$

よって, $\frac{3}{28}x = 9$

これより, $x = 3 \times 28 = 84$

よって,ディオファントスの一生は84年。 … 答

この代数の方法によると,結婚前の彼の半生と結婚後の5年間と,亡くなる前の4年間を合わせた年月が,子どもの生きた期間に等しいこともわかります。すなわち,xの1次方程式

$$\underbrace{\frac{1}{6}x + \frac{1}{12}x + \frac{1}{7}x}_{\text{結婚前}} + \underset{\underset{+5\,\text{年}}{\downarrow}}{5} + \underset{\underset{+4\,\text{年}}{\downarrow}}{4} = \underset{\underset{\text{子どもの一生}}{\downarrow}}{\frac{1}{2}x}$$

と表すことができます。この表現ができることもすばらしいことだと思います。

いずれの方法を取ろうとも，**題意の図示，図を使いこなす**，すなわち，**視覚化と具象化**は，問題の解法に大変役に立つのです。

次の問題は，**表を使いこなす**ことによって，複雑な条件を鮮明にする例です。

例題10　条件整理の問題（1）

AさんとB君が国語と算数のテストを受けた。国語ではAさんの得点がB君の得点のちょうど2倍だったが，算数ではB君ががんばって，Aさんの得点より26点高かった。また，国語と算数の2科目の合計では，B君は121点とったが，AさんはB君より13点高かったことがわかった。Aさん，B君の国語と算数の得点はそれぞれ何点か。

本問は繰り返し読んで問題の内容をよく整理し，解き方の骨組みを作る必要があります。それには，表を作るのが的確な方法です。表は，問題の内容を整理するには最高の道具です。

▶ 算数の方法1

題意を整理するために，B君の国語，算数の得点を基準に，表を作る。

B君の国語の得点を□，算数の得点を△と書いてみると，Aさんの国語の得点は，B君の2倍であることから

$$2 \times \Box$$

と表される。

また，Aさんの算数の得点は，B君より26点低いので，

$$\triangle - 26$$

と表される。

したがって，表のようになる。

	国語	算数	合計点
A	$2 \times \Box$	$\triangle - 26$	134
B	□	△	121

この表から，B君の合計点は，

$$\Box + \triangle = 121 \quad \cdots ①$$

である。また，Aさんの合計点は

$$2 \times \Box + (\triangle - 26) = 134 \quad \cdots ②$$

と表せる。

①の形が使えるよう，②の式の左辺を次のように書き直すと

$$\Box + (\Box + \triangle) - 26 = 134 \quad \cdots ③$$

となる。ここで，(□+△) は①より121であるから，③は

$$\Box + 121 - 26 = 134$$

よって，

$$\square = 134 - 121 + 26 = 13 + 26 = 39（点）$$

である。これと①から△を求めると，

$$\triangle = 121 - 39$$
$$= 82（点）$$

	国語	算数	合計点
A	78	56	134
B	39	82	121

以上より，Aさん，B君の得点は表のようになる。… 答

　このように，本問はかなりの思考力を必要としますが，その思考を助けたのが「表」でした。

　さらに，この解答では，□や△を用いているように，多少代数的な解答になっています。本問は，算数で登場する**文字を使いこなす力**の代表とも言える問題です。

　次に，その代数の方法を予感させない，文字の芽生えもない，算数の純粋な解答をまとめておきます。

　こう考えると，いかにも難問という感じです。

算数の方法2

　国語と算数の2科目の合計点では，B君の得点は121点で，AさんはB君より13点よかったので，

$$121 + 13 = 134（点）$$

である。

　ところで，B君の算数の得点はAさんの得点より26点高

かったが、もしB君もAさんと同じ点しかとれなかったとすると、B君の2科目の得点の合計点は

$$121 - 26 = 95 \text{（点）}$$

に下がるはずである。

そこでAさんの134点とB君の95点を比べると、算数の得点を同じとしたので、この差の

$$134 - 95 = 39 \text{（点）}$$

は国語の得点の差となる。

ところが、Aさんの国語の得点は、B君の国語の得点の2倍であり、これから、39点はB君の国語の得点そのものである。

したがって、Aさんの国語の得点は、$2 \times 39 = 78$（点）であり、Aさんの算数の得点は、$134 - 78 = 56$（点）である。また、B君の算数の得点は、$121 - 39 = 82$（点）となる。

… 答

上の解答の本質的な考え方は、下線部分にあります。この考え方は、120ページで学ぶ「鶴亀算」の論理と言われるものです。

では次に、代数の方法による解答を見てみましょう。

■ 代数の方法

Aさんの国語の点数をx点、算数の点数をy点とおく。

題意から、B君の国語、算数の点数はそれぞれ$\frac{1}{2}x$, $y + 26$と表される。

よって、Aさんの合計点は

$$x + y = 134 \quad (= 121 + 13) \quad \cdots ①$$

第2章 理解できる言葉で言い換える

B君の合計点は

$$\frac{1}{2}x + y + 26 = 121 \qquad \cdots ②$$

と表される。

したがって、①から②を辺ごとに引くと

$$\frac{1}{2}x - 26 = 13 \quad よって \quad \frac{1}{2}x = 39$$

すなわち、 $\qquad x = 78$（点） … 答

よって、Aさんの国語の得点は78点であるから、算数の得点は①より

$$y = 56 （点） \qquad \cdots 答$$

よって、

B君の国語の得点は39点、算数の得点は $56 + 26 = 82$ 点である。 … 答

このように、代数的な方法は、文字が自由に使えることによって、誰にでも解ける方法なのです。このことが

数学は万人の科学

と言われる所以(ゆえん)です。

次の挑戦問題も表を使う問題です。

挑戦問題7 条件整理の問題（2）

ある遊園地の入園料は，子ども7人と大人2人で4100円であり，子ども20人と大人3人では9150円である。

ただし，子どもは10人以上になると，料金が1割引きになる。

大人，子どもそれぞれの正規の入園料はいくらか。

まず，算数の方法による解答を考えます。

子どもが7人の場合の料金は正規の料金ですが，子どもが20人の場合は，割引きした料金です。ここに着目して解答を考えます。それには，問題の条件を表にまとめてみると見やすくなります。

算数の方法

割引きは10人以上が1割引きになる。したがって，これを子どもの人数に置き換えると，20人の1割，すなわち2人は無料となる。これより，正規料金として考えれば，9150円は大人3人と子ども18人の料金である。よって，いま子ども1人の料金を□円，大人1人の料金を○円とすると，次の表が得られる。

		人数	子どもの料金	大人の料金	合計
(イ)	正規	子ども 7人 大　人 2人	7×□	2×○	4100
(ロ)	正規	子ども 18人 大　人 3人	18×□	3×○	9150

84

第2章 理解できる言葉で言い換える

そこで，(イ) の大人の料金：$2\times\bigcirc$に注目して，(ロ) の大人の料金：$3\times\bigcirc$を$2\times\bigcirc$に直すことを考えよう。そのために，(ロ) の欄のすべてを$\frac{2}{3}$倍すると，表の中の

子どもの料金は　　　$(18\times\square)\times\dfrac{2}{3}=12\times\square$

大人の料金は　　　　$(3\times\bigcirc)\times\dfrac{2}{3}=2\times\bigcirc$

料金の合計は　　　　$9150\times\dfrac{2}{3}=6100$

となるから，表の (ロ) は次の (ハ) に変わる。

| (ハ) | 正規 | 子ども 12人
大　人　2人 | $12\times\square$ | $2\times\bigcirc$ | 6100 |

この (ハ) と (イ) の内容を比較すると，子どもの料金の差
$$12\times\square-7\times\square=5\times\square\text{（円）}$$
が合計の差
$$6100-4100=2000\text{（円）}$$
に対応する。すなわち，

　　$5\times\square=2000$ より，　　　$\square=400$（円）　　…（答）

つまり，子ども1人の入園料は400円である。これより，大人2人の料金は$2\times\bigcirc$で，これは (イ) より，
$$2\times\bigcirc=4100-7\times400=1300\text{（円）}$$
であるから，大人1人の入園料は
$$1300\div2=650\text{（円）}\quad\cdots\text{（答）}$$
になる。

次に，代数的な方法の鮮やかさを味わってください。

◆ 代数の方法

正規の子どもの料金を x 円，大人の料金を y 円とすると，題意より

$$7x + 2y = 4100 \cdots ①$$

20人の子ども1人あたりの料金が1割引きになるから

$$20 \times \left(1 - \frac{1}{10}\right)x + 3y = 9150$$

すなわち　$18x + 3y = 9150$　　　…②　（子ども2人分の料金がただ）

となる。よって，②から①を辺ごと引くと

$$11x + y = 5050$$

よって，　$y = 5050 - 11x$　　　…③

③を①に代入すると

$$7x + 2(5050 - 11x) = 4100$$

これを整理して

$$15x = 6000$$

よって　$x = 400$（円）

③より，$y = 5050 - 11 \times 400 = 650$（円）

以上より

　大人1人の入園料は 650 円

　子ども1人の入園料は 400 円　　　… 答

である。

この解答は，文字を使うことによって，表などの助けを借りなくとも，x, y という文字による連立方程式を立てることで，すっきり解けることを示しています。

第 2 章　理解できる言葉で言い換える

次の問題も表を使って解くと効率がよいことがわかります。表は，考えをまとめるのには最適の道具です。

挑戦問題 8　条件整理の問題（3）

A，B，C，D，E 君の 5 人が 100 m 競走をしました。次の会話から，5 人の順位を決めなさい。

E 君「ぼくの前には 2 人以上の人がいたが，C 君よりは前だったよ」

D 君「ぼくのすぐ前が B 君だったよ」

A 君「ぼくの後ろには 2 人いたよ」

---

3 人の会話によって，可能性のある場合をすべて拾い上げ，それを表に整理するのが，ここでもポイントになります。

算数の方法

まず，E 君の話から考える。

E 君の前に 2 人以上いるから，E 君は 3 位か 4 位で，E 君の後ろに C 君がいる。よって，E 君と C 君の順位の可能性は次の表 1 のようになる。

（表1）

	1位	2位	3位	4位	5位
			E	C	
			E		C
				E	C

次に D 君の話から，B 君は D 君のすぐ前にいる。したがって，表 1 の空所に，B, D を連続して書き込めなければならない。これにより，次の表 2 が得られる。

(表2)

	1位	2位	3位	4位	5位
(ア)	B	D	E	C	
(イ)	B	D	E		C
(ウ)	B	D		E	C
(エ)		B	D	E	C

最後に，A 君の話から，A 君の後ろに 2 人いるというから，A 君の入る空所は，表 2 の (ウ) の行しかない。よって，5 人の順位は，1 位から順に B, D, A, E, C …答
である。

算数では，文字を使わないので，表の威力は絶大です。次に，代数の方法ですが，文字を使うので，表の出番はありません。

代数の方法

E 君を n 位とすると，E 君の話から，$n = 3$ または $n = 4$ である。

1) $n = 3$ のとき，C 君は 4 位か 5 位となる。このとき，D 君の話から，B, D はこの順で E 君の前にいるから，その順は

(B, D, E, C, □) または (B, D, E, □, C)

のいずれかである。ところが，これらは，A 君の後ろに 2 人いるという話には適さない。

2) $n = 4$ のとき，C 君は 5 位。よって，B, D の 2 人の順位

は，それぞれ1位と2位かまたは2位と3位のいずれかである。したがって，

　　（B, D, □, E, C）または（□, B, D, E, C）

である。このうち，A君の話に一致する並びは

　　　　　　　B, D, A, E, C　　　　　　　… 答

である。

例題10や挑戦問題7，8の表は，条件を整理するためのものでした。条件を整理するためには，図の特徴を利用したこんな問題の解き方もあります。

例題11　図形の性質を利用する問題（1）

　出発地点から峠を越えて目的地に着き，すぐに来た道を通って出発地点に戻った。行きは6時間半を要し，帰りは7時間半を要した。

　出発地点から目的地までの道のりを求めよ。ただし，その峠を上るには毎時6 kmで歩き，下るには毎時8 kmで歩くとする。

　本問は，推論に推論を重ねて考えていかなければ，答が見つからない，算数では難問に属する問題です。

　まず，要点を整理すると

(a) 峠を越えて，往復する

(b) 峠は上りと下りのみ（平坦なところはない）

(c) 歩くスピードは，上りは時速6 km，下りは8 km

(d) 行きには6時間30分，帰りには7時間30分かかる

(e) 道のりはいくらか

となります。すると，気づくことは，

「この峠の坂道の勾配はどう扱うのか」
についてはひと言も触れていないことです。そこで，(b)〜(d)の条件と照らし合わせて，次のことを読み取らなければならないのです。
(ア) 勾配は無視する
(イ) 行きの上り坂は，帰りでは下り坂になる
(ウ) 帰りの方が1時間余計にかかることから，上りとなる坂道は帰りの方が長い

これらを加味すると，出発地点から目的地までの行程は，次の図のようになります。

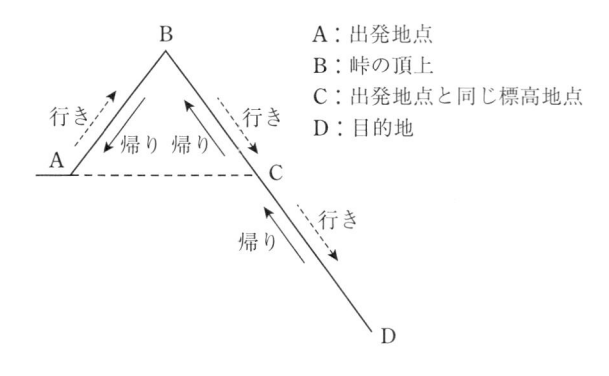

A：出発地点
B：峠の頂上
C：出発地点と同じ標高地点
D：目的地

本問が難問と言われる理由は，問題文には理解しにくい言葉は使われていませんが，かといってどこから手をつけてよいのか，とらえどころがありません。ところが，上のような図を描くことができたとき，図の特徴（二等辺三角形）から，はじめて解法の糸口が見えてくるのです。すなわち，行きと帰りでの時間差は，C，Dの2点間の上り下

第2章　理解できる言葉で言い換える

りでつくことが推察できるのです（三角形 ABC は AB＝BC の二等辺三角形なので，この区間では時間差はつかない）。

それでは，算数の方法で解答を作ってみましょう。

▶ 算数の方法

上り，下りがそれぞれ一定（勾配に無関係）であることから，図（解説の図参照）の AB 間と BC 間の距離は等しい。

また，行きと帰りの所要時間の差

$$7.5 - 6.5 = 1 \text{（時間）}$$

は，図の CD 間を上り下りする間に生じたものである。この時間の差は，CD 間を時速 8 km で歩く場合と 6 km で歩く場合を考えると，1 時間あたり

$$8 \text{ km} - 6 \text{ km} = 2 \text{ km}$$

の開きができる。一方，時速 8 km で 1 時間歩くと，

$$\text{時速 8 km} \times 1 \text{ 時間} = 8 \text{ km}$$

進むから，実際には，この開いた距離を毎時 2 km の速さで歩くと

$$8 \text{ km} \div 2 \text{ km/時} = 4 \text{ 時間}$$

かかる道のりである。すなわち，時速 6 km で歩く場合は CD 間を 4 時間歩くことになる。よって，CD 間の距離は

$$\text{時速 6 km} \times 4 \text{ 時間} = 24 \text{km}$$

である。

次に，A → B と B → C の距離は等しく，また帰りに D から出発して A まで行くのに 7.5 時間かかるので，C から A までに要する時間は

$$7.5 \text{（時間）} - 4 \text{（時間）} = 3.5 \text{（時間）}$$

である。この 3.5 時間で，峠を上り下りする。

上りでは時速 6 km, 下りでは時速 8 km で歩くから, この比は

$$6 \text{ km} : 8 \text{ km} = 3 : 4$$

したがって, 上り下りに費やす時間の割合は, 反比例するので

　（上りに費やす時間）:（下りに費やす時間）= 4 : 3

となる。これより, 3.5 時間のうち,

　上りに費やす時間は　$3.5 \text{ 時間} \times \dfrac{4}{7} = 2 \text{ 時間}$

　下りに費やす時間は　$3.5 \text{ 時間} \times \dfrac{3}{7} = 1.5 \text{ 時間}$

である。よって, C ― B ― A の距離は

　　時速 6 km × 2 時間 + 時速 8 km × 1.5 時間

　　= 12 km + 12 km = 24 km

以上より, 出発地点から目的地までの道のりは

$$24 \text{ km} + 24 \text{ km} = 48 \text{ km}$$

… 答

　この算数の方法では, 実際に峠を上り下りすると, どんな様子なのかを想像しながら, 図をイメージします。

　そして, イメージした図をもとに, 算数の視点を持ちつつ目に見えるものから, 隠れている図形の性質を抜き出して, 解説の図が描けるのです。

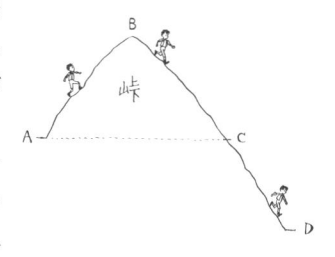

　これには地点 A と同じ海抜の高さにある地点 C が書き込まれています。

　峠の頂上 B は当然気づくでしょうが, △ABC が AB =

第 2 章　理解できる言葉で言い換える

BC の二等辺三角形であることは，この問題の解答への糸口となった重要ポイントなのです。このように問題によって，**図を使いこなす力と図を活用しようとする視点**が必要になります。

代数の方法による解答は次のようになります。

代数の方法

題意の条件から，A を出発地点，B を峠の頂上，C を A と同じ標高地点，D を目的地とすると，下の図のようになる。

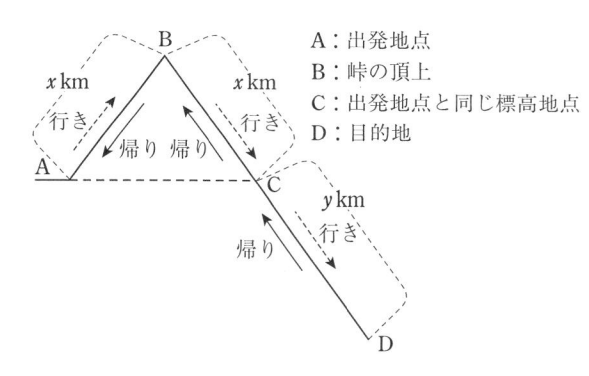

A：出発地点
B：峠の頂上
C：出発地点と同じ標高地点
D：目的地

この図で，AB ＝ BC をみたすと考えてよいから，

　　AB ＝ BC ＝ x（km），CD ＝ y（km）

とおくことができる。

このとき，行きの所要時間 6.5 時間に対して，等式

$$\frac{x}{6} + \frac{x+y}{8} = 6.5 \quad \cdots ①$$

が成り立つ。また，帰りでは，等式

93

$$\frac{x+y}{6}+\frac{x}{8}=7.5 \quad \cdots ②$$

が成り立つ。

よって，②から①を辺ごと引くと

$$\frac{y}{6}-\frac{y}{8}=7.5-6.5$$

$$\left(\frac{1}{6}-\frac{1}{8}\right)y=1$$

よって　$\frac{y}{24}=1$

すなわち，$y=24$（km）

これを，①に代入すると

$$\left(\frac{1}{6}+\frac{1}{8}\right)x=6.5-3=3.5$$

よって　　　　　$\frac{7}{24}x=3.5$

すなわち，$x=3.5\times\frac{24}{7}=0.5\times 24=12$（km）

以上より，求める道のりは，

$$2x+y=2\times 12+24=48 \text{（km）} \cdots \text{答}$$

この代数の方法も，図が活躍しました。その図が，たとえ鋭い頂角の三角形の形をしていても，その特性を正確に翻訳していれば，一向に差し支えないのです。ここでは，二等辺三角形状であれば題意の条件をみたしているのです。

算数に限らず，代数の方法においても，図を上手に使いこなすことは，見通しを立てやすくするばかりでなく，と

きには、計算量を軽くしてくれることもあります。

　もう1問，図形の特徴をつかむことが，解答へのワンステップとなる問題を考えてみましょう。

挑戦問題9　図形の性質を利用する問題（2）

　対角線の長さが 10 cm である正方形 ABCD を，直線 l 上をすべることなく，アの位置からイの位置まで転がす。円周率を 3.14 として，次の問いに答えよ。

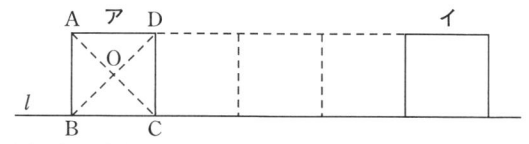

(1) 対角線の交点 O が通った跡の線の長さは何 cm か。
(2) 頂点 B が通った跡の線と直線 l とで囲まれた部分の面積は何 cm² か。

　本問も例題と同様，題意を正しく理解するところから始まります。
「正方形 ABCD を，l 上をすべることなく転がす」
とはどういうことなのか，この解釈から始めましょう。
「すべることなく転がす」とは，まず，正方形 ABCD の辺 BC を，点 C の周りに 90°回転させる，ということです。このとき，点 D も，点 C を中心に 90°回転し，l 上の C の隣の点 D_1 に移る。

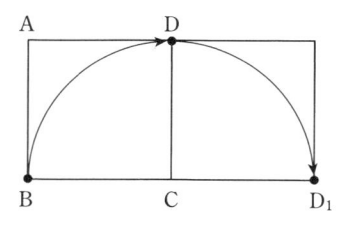

続けて，辺 CD_1 を点 D_1 の周りに，90°回転する。この操作を続けて行えばよい。そして，正方形 ABCD がアの状態からイの状態になるまでの様子をイメージするのです。そして，イメージのもとに，実際に，点 O が通った後の線を描いてみるのです。

ここで，基本になる知識は，次のことです。

点 C の周りに，辺 BC を辺 DC に重なるように回転するときの点 B の通った跡の線は，C を中心として，半径 BC の円弧 BD を描きます。この円弧の長さは円周の $\dfrac{1}{4}$ です。

そのとき同時に，対角線の交点 O は，点 C を中心として，半径 CO の円弧 OO_1 を描きます。この円弧の長さも，$\angle OCO_1 = 90°$ですから，半径 CO の円周の $\dfrac{1}{4}$ になります。

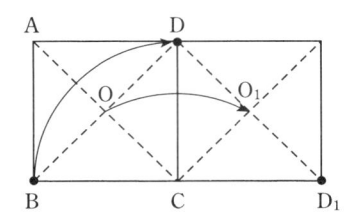

本問は，図が描けて，はじめて問題が解けることになります。つまり，正しい図を描くことが解答の出発点になるのです。ここでは，〈算数の方法〉だけを示しておきます。

算数の方法

(1) 正方形 ABCD を点 C の周りに 90°回転すると，辺 BC は辺 DC の位置にくる。このとき，交点 O も，90°回転して図の O_1 の位置にくる。この操作を順次行ったのが，次の図である。このとき，正方形 ABCD が l 上をすべることなく 1 回転すると，辺 BC は図の辺 IK に重なる。

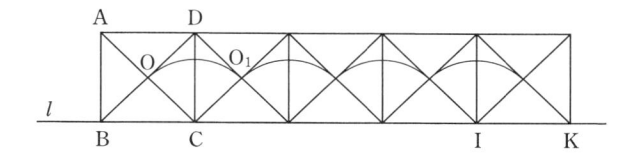

第 2 章　理解できる言葉で言い換える

ここで，点 O は点 C を中心とし，半径 CO の円弧 OO_1 を描く。この円弧 OO_1 の長さは，$\angle OCO_1 = 90°$ であるから，半径 CO の円周の $\dfrac{1}{4}$ である。

したがって，求める点 O の通った跡の線の長さは，図より

$$90° \times 4 = 360°$$

であるから，半径 CO の円周全体に等しい。よって，

$$5 \times 2 \times 3.14 = 31.4 \text{ (cm)} \qquad \cdots \text{答}$$

(2) 頂点 B の通った跡の線は，まず点 C を中心とする半径 BC の円周上で，円弧 BD を描く。

さらに，点 D の位置にきた点 B は，点 E を中心とする半径 DE の円周上で，円弧 DF を描く。

最後に，点 B が点 F にきたのち点 B が描く線は，点 G を中心とする円弧 FI である。

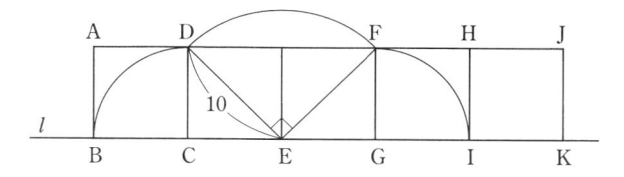

以上から，囲まれる図形は（4 分円 CBD），（直角二等辺

三角形 CDE），(4 分円 EDF），(直角二等辺三角形 GEF），
(4 分円 GFI) である。

ここで，

$$4 \text{ 分円 CBD の面積} = 4 \text{ 分円 GFI の面積}$$

であり

$$4 \text{ 分円 CBD の面積} = \text{BC} \times \text{BC} \times 3.14 \times \frac{1}{4} \quad \cdots ①$$

と表せる。①の BC × BC は，図より

BC × BC ＝四角形 ABCD の面積
　　　　＝直角二等辺三角形 DEF ＝ DE × DE ÷ 2
　　　　＝ 10 × 10 ÷ 2 ＝ 50

となるから，①より

$$4 \text{ 分円 CBD の面積} = 50 \times 3.14 \times \frac{1}{4}$$

となる。したがって，求める面積は

$$50 \times 3.14 \times \frac{1}{2} + 50 + 10 \times 10 \times 3.14 \times \frac{1}{4}$$
$$= 78.5 + 50 + 78.5 = 207 \ (\text{cm}^2) \qquad \cdots \text{答}$$

この問題で最終結論を得るのに，ひと工夫が必要であることに注意してください。

この問題では，**正方形の一辺の長さを与える代わりに，対角線の長さ 10 cm を与えている**ことです。無理数を学習しているのであれば，正方形 ABCD の一辺の長さは $5\sqrt{2}$ cm と容易に求まり，解答のようにする必要はありませんが，無理数を算数問題には使えません。

この点を上手（うま）くクリアできたのは，**図形の特性を使いこ**

なしたからです。この部分を再度図解してみると次のようになります。

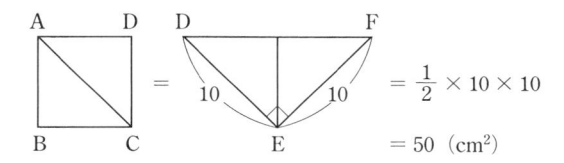

$$\begin{array}{c}\text{□ABCD}\end{array} = \begin{array}{c}\triangle\text{DEF}\\(10, 10)\end{array} = \frac{1}{2} \times 10 \times 10$$
$$= 50 \text{ (cm}^2)$$

となり,これより BC × BC = 50 (cm²) が得られ,これを用いて BC を半径とする円の面積の半分を計算したのです。そこで

$$2 \times \text{(扇形BCD)} = \text{(円)} \times \frac{1}{2}$$
$$= \text{BC} \times \text{BC} \times 3.14 \times \frac{1}{2}$$

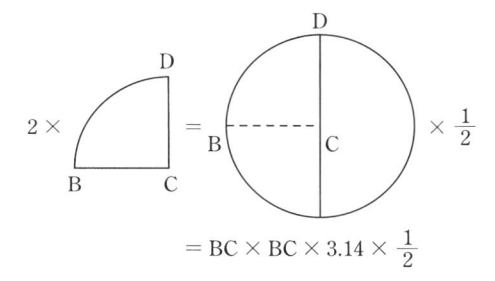

のように,BC × BC = 50 を上手く使う見通しが必要です。

コラム 幾何学の復権

ノーベル化学賞を受賞した福井謙一博士は,「私の学問の論理性は,中学生のとき学んだ幾何学によって培われた」と述べられ,文部省のお役人の前でも諄々と幾何学の重要さを説かれました。

先生の主張が中学校の数学のカリキュラムに反映し,幾何学の復権がなされたのです。しかし,相次ぐ授業時間数の減少で,とても中身の薄い数学の教科書になってしまいました。それでも,私立中学入試では,依然として図形の問題に幾何の問題が含まれております。実例を,このコラムで眺めてみましょう。

「下の図は,対角線の長さが6cmの正方形ABCDを,頂点Aを中心にして30°回転させたものです。このとき,頂点Cが動いた後の線の長さは何cmですか。また,斜線の部分の面積は何cm²ですか。ただし,円周率は3.14とします。」

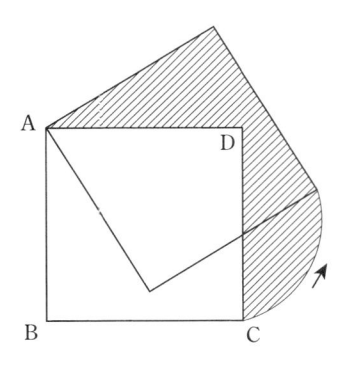

第 2 章　理解できる言葉で言い換える

　解答は，算数の方法も代数の方法も同じ視点で考えます。考え方は，図形の特徴をとらえ，図の性質に着目します。補助線 AC，AC'が決め手です。

　2 つの直角三角形 AB'C'，AD'C'など，ともに同じ面積の直角三角形があることに気づくかどうかです。

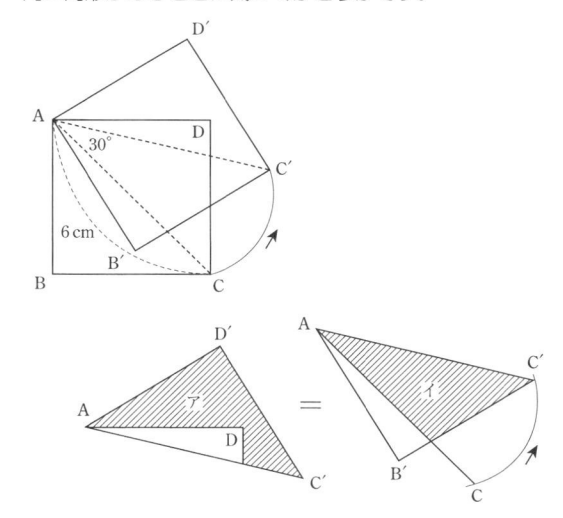

頂点 C が動いた後の線の長さは，

$$6 \times 2 \times 3.14 \times \frac{30}{360} = 3.14 \text{ (cm)}$$

また，図でアとイの部分の面積は等しいから，左図の斜線部分の面積はおうぎ形 ACC'の面積に等しく，

$$6 \times 6 \times 3.14 \times \frac{30}{360} = 9.42 \text{ (cm}^2\text{)}$$

| 翻訳力 | **3. 文章または式を言い換える力** |

　ここで学習する，文章や式を言い換える力は，〈算数の方法〉では不可欠な手続きと言えます。**問題文を読んで，分析して，題意をつかみ，さらにその題意を他の文章や式に言い換えて，解法の糸口や手がかりをつかむ**ことも必要です。

　この文章や式を言い換えることができるためには，問題文や問題に示された式の意味をよく理解していなければなりません。題意をよく理解しないで，内容を変えずに，他の文章に言い換えたり，他の式に書き換えたりするのは難しいことです。

　しかし，読み換えや言い換えがドラスティック（劇的）であればあるほど，その対象に働きかけ，その対象を変化させる力が大きいわけですから，題意をよく分析し，深く理解することは，本当に大切なことです。

　そして，他の文章や式に言い換えることは，解答への手順をより効果的に機能化し，より視覚的に具体化することなのです。

第2章　理解できる言葉で言い換える

さて，次の問題を考えてみましょう。

例題 12　通過算（1）

長さ 150 m の電車が毎秒 25 m の速さで進んでいる。この電車が長さ 950 m の鉄橋にさしかかった。車両すべてが渡り終えるには何秒かかるか。

「**通過算**」と言われる算数の代表問題です。本問を分析してみましょう。

まず，条件に対しては，**動くもの（電車）と動かないもの（鉄橋）に注目**します。

(a) 動くものは 150 m の電車
(b) 動かないものは，950 m の鉄橋

です。そして，電車が鉄橋を渡りきることをどのようにとらえればよいのかを，考えてみるのです。

図解すると，次のようになります。

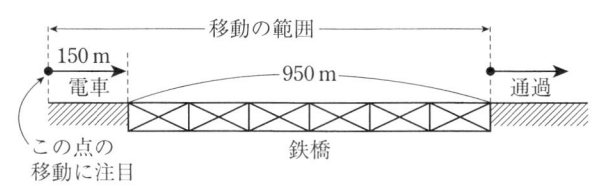

この図から，「電車が鉄橋を渡りきる」というのは，「電車の先頭が鉄橋にさしかかったときから，最後尾の車両の最後が橋を通過した時点」，と言い換えることができます。

すると，言い換えた上の文章を図示すると，次のようになります。

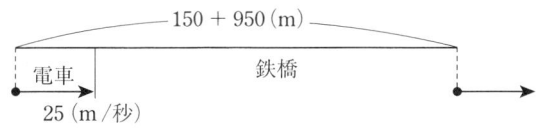

(翻訳した図)

```
            ←―――― 150 + 950 (m) ――――→
        ┌────┐
        │ 電車 │         鉄橋
        └────┘
         25 (m/秒)
```

以上から，算数の解答をまとめてみましょう。

◉ 算数の方法

電車が鉄橋を渡りきるとは，電車の最後尾に着目すると，この最後尾が毎秒 25 m の速さで

150 m + 950 m の区間を通過する時間

と考えてよい。

よって，電車が鉄橋を通過するのに必要な時間は

$$通過の時間 = \frac{150 + 950}{25} \quad (\leftarrow この形から公式が導かれる)$$

$$= \frac{1100}{25} = 44 \,(秒) \qquad \cdots 答$$

題意の分析と解答を通して，次の公式を導くことができます。

《通過の時間の公式》

$$通過の時間\,(t) = \frac{電車の長さ\,(d) + 橋の長さ\,(l)}{電車の速さ\,(v)}$$

$$\iff t = \frac{d + l}{v}$$

この公式を使えば，上に述べた題意の言い換えは不要になります。その代わり，第 1 章で指摘した**③定義・定理や公式を復元する力**を利用すればよいのです。

第2章　理解できる言葉で言い換える

次に，代数の方法で解いてみましょう。

まず，電車が鉄橋を通過するのに必要な時間を t とします。このとき，文章の「通過する」という言葉に着目して，この題意をしっかり押えておく必要があります。そのためには，「**視覚化**」は適切な方法です。すなわち，
「電車が鉄橋を完全に渡り終える」
とは，どういうことかを実際に図に描いてみるのです。

図を描くことによって，電車の先頭が鉄橋にさしかかった時点から，電車の最後尾が鉄橋を渡りきった時点までということが明瞭になるのです。

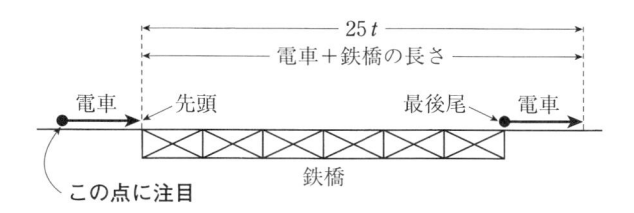

```
          ← 25 t →
       ← 電車+鉄橋の長さ →
電車  先頭            最後尾  電車
 ●→ ▱▱▱▱▱▱▱▱▱▱▱▱▱▱ →
↑この点に注目       鉄橋
```

この図から，**電車が走る区間は，鉄橋だけでなく，電車自身の長さを加えた区間**であることが明瞭になります。このことは，算数の場合と全く同じことです。

代数の解答は次のようになります。

◉ 代数の方法

電車が鉄橋を渡りきる時間を t とすると，電車が時間 t の間に走る距離は $25\,t$ m である。一方，電車が鉄橋を渡りきるまでに走る距離は，

$$150 \text{ m} + 950 \text{ m}$$

（電車）　（鉄橋）

である。よって，成り立つ関係式は

$$25t = 150 + 950$$

であるから，

$$t = \frac{150 + 950}{25} = 44 \text{ （秒）} \quad \cdots \text{答}$$

この代数の方法は，電車が鉄橋を渡りきるとはどういうことかを考えて，電車の動いた距離（区間）に着目しました。電車の走る速さが毎秒 25 m とわかっているので，時間が与えられれば距離が決まるわけです。

挑戦問題10　通過算（2）

長さ 144 m の電車が毎秒 12 m の速さで，ある鉄橋を渡るのに 4 分 30 秒かかった。この鉄橋の長さは何 m か。

ここでも図を描いて，視覚化すると，本質は容易にわかります。

◉ 算数の方法

題意を図示すると，次のようになる。

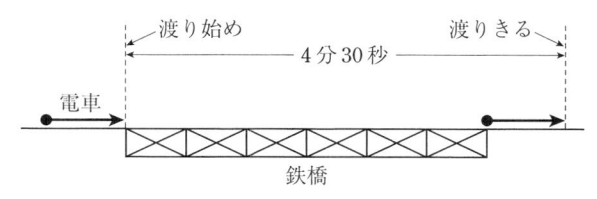

この図から，

電車が鉄橋を完全に渡りきるのにかかった時間は

$$4 \text{ 分 } 30 \text{ 秒} = 4 \times 60 + 30 \text{ （秒）} = 270 \text{ （秒）}$$

第2章 理解できる言葉で言い換える

電車の速さは毎秒 12 m であるから，270 秒では
$$12 \times 270 = 3240 \text{ (m)}$$
進む。よって，鉄橋の長さは
$$3240 - 144 = 3096 \text{ (m)} \quad \cdots \text{答}$$

代数の方法も，ほとんど同じです。

◼ 代数の方法

鉄橋の長さを x m とすると，電車が鉄橋を渡りきる時間が 4 分 30 秒 = 270 秒であるから，等式
$$144 \quad + \quad x \quad = \quad 270 \times 12$$
（電車の長さ）（鉄橋の長さ）（電車の走る距離）
が成り立つ。よって，
$$x = 3240 - 144 = 3096 \text{ (m)} \quad \cdots \text{答}$$

例題 12 の考え方は，次の問題にも適用できます。

▮例題 13　すれ違い算（1）▮

A，B 2 つの電車が互いに反対方向から走ってきた。電車 A は長さ 75 m，毎秒 18 m で進み，電車 B は長さ 90 m，毎秒 15 m で進む。いま，A，B 2 つの電車が出会ってから完全に離れるまでに何秒かかるか。

「**すれ違い算**」と言われる問題です。

問題を読解・分析してみましょう。まず，動くもの（電車）に注目します。
(a) 電車 A は長さ 75 m，毎秒 18 m で進む。
(b) 電車 B は長さ 90 m，毎秒 15 m で進む。

この状況を図示すると，次のようになります。

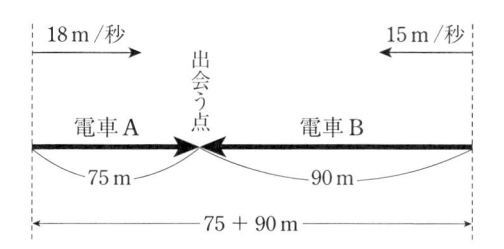

```
      18 m/秒                              15 m/秒
    ────────→         出                  ←────────
                      会
        電車 A        う     電車 B
                      点
    ├──────────┤         ├──────────┤
         75 m                  90 m
    ├──────────── 75 + 90 m ────────────┤
```

　この2つの電車が

(c) 出会ってから離れるまでの時間を求める

のが目標です。すると，キーとなるポイントは，(c) をどのようにとらえるかになります。

　例題5（48ページ参照）で説明したように，これに対する考え方は

「2つが同時に動いているときには，一方を固定して考える」

でした。すなわち，2つの電車がお互いに近づくときの速さは，2つの電車の速さの和で表せます。

　この問題では，2つの電車は，毎秒 (18 + 15) m で近づくことになります。

　ここでは，出会ってから離れるまでの時間は，2つの電車の長さの和（距離）

$$75 \text{ m} + 90 \text{ m} = 165 \text{ m}$$

を，毎秒 (18 + 15) m の速さで通過する時間ということになります。

　したがって，解答は次のようになります。

▶ 算数の方法

　2つの電車 A, B の全長の和は

第2章　理解できる言葉で言い換える

$$75\,\mathrm{m} + 90\,\mathrm{m}$$

この区間を2つの電車の速さの和

$$(18 + 15)\,\mathrm{m/秒}$$

で走ると考えて，出会ってから離れるまでの時間は

$$\frac{(75 + 90)\,\mathrm{m}}{(18 + 15)\,\mathrm{m/秒}} = \frac{165}{33} = 5\,（秒）\quad \cdots\,\text{\textcircled{答}}$$

題意の分析と読解を通して，次の公式を導くことができます。

《通過の時間の公式》

すれ違って離れるまでの時間 (t)

$$= \frac{\text{電車Aの長さ}\,(l_1) + \text{電車Bの長さ}\,(l_2)}{\text{電車Aの速さ}\,(v_1) + \text{電車Bの速さ}\,(v_2)}$$

$$\iff t = \frac{l_1 + l_2}{v_1 + v_2}$$

この公式を使えば，上に述べた題意の言い換えの過程はすべて省略できます。

次に，代数の方法で解いてみましょう。

● 代数の方法

電車A，Bがすれ違って離れるまでの時間を t とおくと，時間 t の間に両電車が動く距離は

$$(18\,t + 15\,t)\,\mathrm{m}$$

一方，両電車はこの時間に $(75 + 90)\,\mathrm{m}$ の区間を動けばよいから，求める等式は

$$18\,t + 15\,t = 75 + 90$$

となる。よって，

$$t = \frac{75 + 90}{18 + 15} = 5 \text{ (秒)} \qquad \cdots \text{答}$$

こうして，算数の方法，代数の方法で別々に解いてみましたが，本質的な部分は，

読み換え＝文章を言い換える（翻訳）

であり，この読み換えは，算数の方法，代数の方法ともに同じ視点で支えられています。

算数学習は，文章を言い換えるという視点を持って学習していくことが，将来の数学学習の基礎になっているのだということを，改めて確認しておきたいものです。

次の挑戦問題を通して，例題 13 で学んだことを復習してみましょう。

挑戦問題11 すれ違い算（2）

A と B の 2 両の特急がある。A は長さ 300 m，毎秒 50 m の速さで，B は長さ 240 m，毎秒 40 m の速さで走る。このとき，A，B 2 両の特急が両方向から走ってきて，出会ってから完全に離れるまでに，何秒かかるか。

本問は例題 13 と同様に考えます。

▶ 算数の方法

2 両の特急 A，B の全長の和は

$$300 \text{ m} + 240 \text{ m}$$

この区間を，2 両の特急の速さの和

$$(50 + 40) \text{ m/秒}$$

で走ると考えて，出会ってから離れるまでの時間は，公式より

第 2 章　理解できる言葉で言い換える

$$\frac{(300+240)\,\text{m}}{(50+40)\,\text{m}/\text{秒}} = \frac{540}{90} = 6 \quad (秒) \quad \cdots 答$$

● 代数の方法

特急 A, B がすれ違って離れるまでの時間を t とおくと, 時間 t の間に両特急が動く距離は

$$(50+40)\,t$$

である。

一方, 両特急は, この時間に

$$300\,\text{m} + 240\,\text{m}$$

の区間を動けばよい。したがって, 等式

$$(50+40)\,t = 300+240$$

が成り立つ。これより,

$$t = \frac{300+240}{50+40} = 6 \quad (秒) \quad \cdots 答$$

例題 13 を少しひねった形の応用問題に挑戦してみましょう。

挑戦問題12　流水算

A さんと B 君は, 流れのないところでは毎時 5 km の速さでボートを漕ぐことができる。

いま, 1 時間に 2.5 km の速さで流れる川で, A さんは川上から, B 君は川下から同時にボートを漕ぎ出す。2 人の距離が 30 km あったとき, 漕ぎ出してから何時間で出会うか。

この挑戦問題は，通称「**流水算**」と呼ばれ，これも算数の代表問題の一つです。

まず，算数の方法で考えてみましょう。
題意の条件を書き出すと，
(a) ボートのスピードは，A さん，B 君とも毎時 5 km
(b) 川の流れの速さは毎時 2.5 km
(c) A さんは川上，B 君は川下にいて，2 人の距離は 30 km
(d) 同時に出発して何時間後に出会うかを求める
です。
これをもう少し整理して言い換えてみますと
(ア) A さんと B 君は 30 km 離れている
(イ) A さんと B 君が同時に相向かって出発すれば何時間後に出会うか
(ウ) 川の流れの速さは，A さんにはプラスになり，B 君にはマイナスになる

このことをさらに読み換えてみると，次のような問題に言い換えることができます。

第2章　理解できる言葉で言い換える

> 30 km 離れたところにいる A さんと B 君が，相向かって同時に出発した。A さんは毎時 (5 ＋ 2.5) km，B 君は毎時 (5 － 2.5) km の速さで移動した。出発後何時間で出会うか。

このように言い換えると，そうですね，この問題は 48 ページで紹介した旅人算のうちの「出会いの問題」そのものですね。

したがって，「流水算」も「旅人算」も設定している状況が多少異なるだけで，その本質は全く同じなのです。

このように，本質を捕まえる学習が，算数にも必要なのです。

▶ 算数の方法

A の毎時の速さは

$$5\,\text{km} + 2.5\,\text{km} = 7.5\,\text{km}$$

B の毎時の速さは

$$5\,\text{km} - 2.5\,\text{km} = 2.5\,\text{km}$$

であるから，2 人が出会うまでの時間は

$$\frac{30}{7.5 + 2.5} = \frac{30}{10} = 3 \text{ (時間)} \quad \cdots\text{答}$$

もちろん，問題で要求しているのが
「A，B の出発地点から，それぞれ何 km の地点で出会うか」
となっていれば

A の出発地点からは　$7.5\,\text{km} \times 3 = 22.5\,\text{km}$

B の出発地点からは　$2.5\,\text{km} \times 3 = 7.5\,\text{km}$

と求めることもできます。

次に，代数の方法で解きましょう。やはり，出会う時刻を t 時間後とします。

◉ 代数の方法

まず，川の流れを加味して図解します。

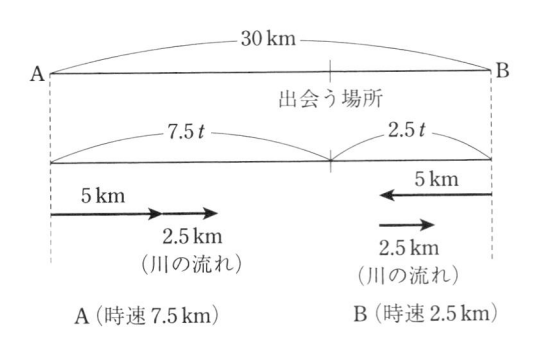

```
                    30 km
    A ─────────────────────────── B
              出会う場所
         7.5t            2.5t
      5 km →          ← 5 km
         2.5 km           2.5 km
        （川の流れ）      （川の流れ）
      A（時速 7.5 km）  B（時速 2.5 km）
```

A，B の速さは川の流れを考えて，

A の速さは，毎時 $5 + 2.5$（km）$= 7.5$（km）

B の速さは，毎時 $5 - 2.5$（km）$= 2.5$（km）

である。よって，2 人が t 時間後に出会うとすれば

$$7.5t + 2.5t = 30 \text{（km）}$$

これを解いて，$t = 3$（時間） … 答

この章では，「**自分で理解できる言葉に言い換える**」を主眼に，それを具体的に引き出す力をいろいろ指摘しながら，算数の代表問題を解説しました。

わが国でもよく知られているように，中学 2，3 年生および高校 1 年生を対象とした数学オリンピックに参加して

いる生徒たちは，それほど高度な数学を知っているとは思えないのに，あの難しい問題に果敢に挑戦し，そしてそれを見事に解いてしまうのです。この彼らの「解いてしまう」という行動の根底には，
「問題を深く読みこなし，問題の構造をとらえ，題意を自分の知っている言葉に言い換えて，より理解を確実にする」
という問題解法の明確な視点があるからできるのです。

　算数・数学において国内を代表する高い能力を持つ彼らも，この章で紹介した，**自分で理解できる言葉に翻訳する**ことと，**その翻訳をより正確かつ適切にする**という視点が基本にあるのは同じことなのです。

　次章では，翻訳力に引き続いて「目標設定力」について話を進めていきましょう。

コラム　わが国の政治家には文系出身が多い

　わが国は数学を学ぶ人の数が世界で十指に入るほど多いのですが，数学が好きになる人と嫌いになる人の比率が３：７（アメリカやヨーロッパでは７：３）と，世界でも類がないほど数学嫌いの比率が高いのです。

　このことはきわめて不思議な現象です。これは，日本の国民性に由来するのでしょうか。従来，日本の国民は数理工系にすぐれており，そのお蔭で明治，大正，昭和に亘って，困難な時代を克服し，不利な条件の下でも独創的な業績を生み出し，経済的にも世界に比類のない発展を遂げてこられたのです。

　この乖離はどこから来たのでしょうか。

　それは，近年の文教政策に携わる文部官僚の人たちがすべて文系出身のため，理工系の教育の重要性が理解できないからなのではないでしょうか。まして，政治家の多くも文系出身ですから，科学教育に対する理念もなく，数学教育に関する政策などはすべて官僚任せとなり，数学の内容は切り詰められ，それにともなって学力が年々低下しているのが実情なのです。

　英国の首相だったサッチャーは，オックスフォード大学で化学を学んだ理系出身ですから，数学教育の大切さを身にしみて感じておりました。また，中国の指導者のほとんどが理工系出身であることはよく知られています。

　米国のクリントン前大統領は文系出身でしたが，米国の少年少女たちの数学の学力が低下したという報告に接して，直ちに，科学の予算と授業時間を今までの２倍にするという改善策を打ち出したのです。打てば響くほどの理解力を持っていたのでしょうか。それとも側近に国家の危機管理に有能な理系出身者がいたのでしょうか。

第3章

解答に向かって目標を立てる

―― 目標設定力 ――

この章のねらいである目標設定力は,解答への手がかり,足がかりをつかむ力です。つまり,具体的に解答の方向を定め,大きく足を踏み出すことを意味しています。
　ここでの「目標」とは,目的や獲物を狙うようなものではなく,到達したい「ゴール」のことです。
　このゴールには,比較的容易に到達できそうなものもあれば,じっくりと腰を据えて取り組まなければならないものもあります。
　例えば,1万メートル競走のランナーは,1キロ地点,1.5キロ地点と順に自分の目標(当面の目標タイム)を定め,最終ゴールを目指します。
　算数・数学の問題を解くときにも,これと同じことが言えるのです。この「当面の目標を定めて,解答の手順を設定する力」は,次の3つの力に分類できます。
①論理的に展望できる力
②類似問題を連想し利用できる力
③具体化して様子を見る力
　これらの力がどのようなものであり,どのような問題でそれが発揮されるかをこれから見ていきましょう。

第3章　解答に向かって目標を立てる

目標設定力　1．論理的に展望できる力

　この節で紹介する「論理的に展望できる力」にはさらに，3つの要素が考えられます。
（ア）数の特徴をとらえて論理的に展望する
（イ）式の特徴をとらえて論理的に展望する
（ウ）図の特徴をとらえて論理的に展望する

　これらのことは，いままで本書で掲載されてきた例題や挑戦問題の解答を作る段階で，大なり小なり学んできていることです。

　ここでは特に，問題の解法を考えるとき，論理的でしかも直感的な視点から目標を定めていくことの大切さを，指摘しておきたいのです。このことは，実生活においても無駄なことではありません。

　例えば，ある困難に遭遇したとき，大きな問題を解決することを視野に入れながら，当面は小さな問題を解決していくことによって，結果として，困難が解消することは少なくありません。そして，この訓練は，その論理展開が純粋なゆえに，算数や数学によってできるものなのです。

　数学を学ぶ理由の一つとして忘れてはならないことだと思います。

　さて，問題を見ていきましょう。（ア）の数の特徴をとらえて展望する問題を取り上げます。

例題14　鶴亀算（1）

30円と50円の切手がある。この2種類の切手を取り混ぜて合計25枚を買い，950円を支払った。各切手は何枚ずつ買ったか。

まず題意の条件を書いてみると

$$\begin{cases} 30円切手の総額＋50円切手の総額＝950円 \\ 枚数＝25枚 \end{cases}$$

となります。

このことに注意しながら，30，50，950 などの数がどのような関係にあるかを図解しながら見てみましょう。

50円切手を ☐ ，30円切手を ☐ で表すことにします。

(1) もし，25枚全部が50円切手であるとみなしますと，

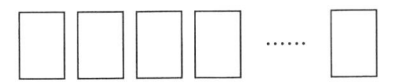

☐ ☐ ☐ ☐ …… ☐

50円 × 25 ＝ 1250円

となります。

(2) この金額は，実際に支払った金額よりも

1250円 － 950円 ＝ 300円

多くなります。

(3) この300円は，30円切手の枚数を50円切手として計算したので，50円切手1枚に付き，50円 － 30円 ＝ 20円多く支払ったことの結果です。

第3章 解答に向かって目標を立てる

(この枚数)×20円＝300円

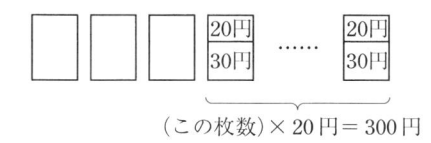

（4）この300円を30円切手の購入枚数に読み換えればよいことになります。

（5）それでは30円切手は何枚購入したでしょうか。

以上が本問の数の特徴（数の持つ特性）をとらえて論理的に展望したものです。これによって，解答は次のように得られます。

◉ 算数の方法

25枚全部50円切手とみなすと，支払い金額は

$$50 円 \times 25 = 1250 円$$

となり，実際の金額よりも

$$1250 円 - 950 円 = 300 円$$

多くなる。この300円は，すべて50円切手とみなしたために超過した30円切手の分の料金である。すなわち，300円分は30円切手の購入枚数で生じる。したがって，その枚数は

$$300 円 \div (50 円 - 30 円) = 15 枚 \quad \cdots 答$$

である。このとき，50円切手は

$$25 枚 - 15 枚 = 10 枚 \quad \cdots 答$$

この解答は，分析でみた（3），（4）に見られるように，実に見事なほど数の持つ特徴を見抜いた解答と言えるでしょう。

ちなみに，25枚全部を30円切手とみなせば，次のよう

になります。

全部30円切手とすると、支払い金額は
$$30円 \times 25 = 750円$$
となり、実際の金額よりも
$$950円 - 750円 = 200円$$
少なくなります。この200円に相当する枚数が、50円切手の枚数となるので、50円切手は
$$200円 \div (50円 - 30円) = 10枚$$
となり、30円切手は、
$$25枚 - 10枚 = 15枚$$
となります。

このように、25枚全部を30円切手とみなしても、50円切手とみなしても、同じ論理で展開することができます。

実は、この考え方は算数（かつては算術と呼んでいましたが）では、**「鶴亀算」の論理**と呼ばれ、この「〜とみなす」という独特な発想は、なかなかムズカシイと昔から言われてきました。

しかし、現今の数学では、この論理とよく似た**背理法あるいは対偶の考え方**、というものがあり、それほど唐突な考え方ではありません。これらは、高校1年生になると誰もが学習する論理思考の一つなのです。

第3章　解答に向かって目標を立てる

　ところが，この問題も算数の方法ではムズカシイと思える箇所が，中学以降で学ぶ代数の方法によると，霧のように消えてしまうのです。この点が代数の方法の有り難いところでもあり，つまらないと思えるところでもあります。

　だからこそ，「鶴亀算」などの問題を通して，小学校の段階でもこのような論理構成をしっかりさせた学習をしていかなければならないのです。

　ここでも，**「算数を軽視するなかれ」**，と言いたいのです。

　代数の考え方は，当然，30円の枚数を x 枚，50円の枚数を y 枚と機械的におき，それで条件を書き上げればよいのです。すると条件より，

　枚数については　　　$x + y = 25$（枚）　　　…①
　金額については　　　$30x + 50y = 950$（円）　…②

と表現することは容易です。これら x, y の2式を連立方程式とみて解けばよい，のです。

　上では文字を x, y の2文字で表現しましたが，x の1文字でも表現できることは言うまでもありません。

　すなわち，

（全体の枚数）－（50円切手の枚数）＝（30円切手の枚数）

　あるいはこの逆で

（全体の枚数）－（30円切手の枚数）＝（50円切手の枚数）

ということを読みこなせれば，当面の目標をどちらにするかを判断し，それを x 枚とおけばよいのです。このことは，①の式をみれば当たり前と思えるかもしれませんが，**当面の目標をどこにとるか**，という展望を加味した読解が背景にあると言えるのです。

とにかく，代数の方法では，題意をつかみ，文字を用いて式で表してしまえば，後は一直線に解けるのです。

算数の方法では，解答に入る前の分析として，数の特徴を活かして（1）〜（5）の論理展開をしていますが，代数の方法ではその部分は割愛され，①，②の2式を作るだけでよいのです。

代数の方法による解答は次のようになります。

代数の方法

30円切手をx枚とすると，50円切手は$25-x$枚である。

よって，支払い金額は950円であるから，等式
$$30x + 50(25-x) = 950$$
が成り立つ。この両辺を10で割ると
$$3x + 5(25-x) = 95$$
すなわち
$$2x = 125 - 95 = 30$$
よって，　　$x = 15$

よって，　30円切手は　15枚，

50円切手は　$25 - 15 = 10$ 枚。　… 答

この解答は，算数の方法で味わった論理的な展開はほとんどありませんね。むしろ，無機的であっさりしているとも言えます。このさっぱりした透明感のある解法が代数の魅力でもあるのです。

例題14の考え方を，次の挑戦問題で再確認してみましょう。

挑戦問題 13　鶴亀算（2）

600 円と 700 円の靴下を合わせて 19 足買ったところ，その合計金額は 1 万 2500 円であった。

それぞれ何足ずつ購入したか。

算数の方法による解法は，次のようになります。

◉ 算数の方法

19 足全部 700 円の靴下とみなすと，金額は

$$700 \times 19 = 13300 \text{ 円}$$

これは，実際の金額よりも

$$13300 - 12500 = 800 \text{ 円}$$

多い。この 800 円は，600 円の靴下を 700 円で買ったとみなしたことによる。よって，600 円の靴下は

$$800 \text{ 円} \div (700 \text{ 円} - 600 \text{ 円}) = 8 \text{ （足）} \quad \cdots \text{答}$$

となる。このとき，700 円の靴下は

$$19 - 8 = 11 \text{ （足）} \quad \cdots \text{答}$$

である。

代数の方法は，次のようになります。

◉ 代数の方法

600 円の靴下を x 足とすると，700 円の靴下は，$19 - x$ 足である。よって，支払い金額が 12500 円であるから，等式

$$600x + 700(19 - x) = 12500$$

が成り立つ。よって，

$$6x + 7(19 - x) = 125$$

すなわち
$$x = 133 - 125 = 8$$
となる。よって,
　　　　600 円の靴下は 8 足,
　　　　700 円の靴下は 19 − 8 = 11 足。　　…答

先に鶴亀算の基本の問題を取り上げましたが,やはりツルの足の本数,カメの足の本数に着目した「鶴亀算」の問題を取り上げなければなりませんね。

今までの問題の流れを理解していれば,鶴亀算特有の考え方も自然に受け入れられると思います。

例題15　鶴亀算（3）

[I]　ツルとカメがいてその合計数は 12,足の総本数は 34 本である。ツルは何羽,カメは何頭いるか。

[II]　ツルとカメがいて,足の本数は合わせると 34 本であるが,もしツルとカメの数が入れ替わると,足の本数は合わせて 38 本になるという。ツルは何羽,カメは何頭いるか。

算数と言えば「**鶴亀算**」と言われるほど,この問題は有名です。それほど多くの人たちを悩ませたのでしょう。ところが昨今は,小・中・高の教科書ではこの鶴亀算の問題に出会うことはありません。もちろん,これにも例外があ

って，有名私立中学校や国公立大学の付属中学校へ入学を希望する生徒は，入試問題として出題される可能性が高いので，その準備のためには，当然鶴亀算の問題ぐらい，解いていなければならないようです。

私事で恐縮ですが，私の次女が私立中学受験を希望して，算数の問題と取り組みました。私も何題か解かされたことがありましたが，そのときの印象は，算数の方法に限定して解くのは結構ムズカシイということでした。

代数の方法では，あっという間に解ける問題も，算数の方法によると，手に余った思いがしたものでした。それ以来，私も私なりに算数の問題を算数の方法で解くことを考えたのです。そのことが，本書を誕生させるきっかけになった，とも言えるのです。

閑話休題。さて，算数の方法でこの例題を考えてみましょう。

鶴亀算の問題では隠された条件，すなわち，問題文には表示されていないそれぞれの足の本数，
「ツルの足は 2 本，カメの足は 4 本」
を前提条件としていることに注意しなければなりません。この条件の下で，解答を考えなければなりません。

[Ⅰ] 上の条件に加えて，問題文に表現されている条件は
(a) 頭数の合計は 12
(b) 足の総本数は 34 本
です。前提条件と，これらの総数の特徴に着目して内容を

分析してみると
(1) もし，総数 12 の全部がカメであるとみなすと，足の数は全部で $4 \times 12 = 48$ 本となる。
(2) この本数は実際よりも，48 本 − 34 本 = 14 本多くなる。
(3) この 14 本はツルの数までカメの頭数として計算して，4 本 − 2 本 = 2 本ずつ多く数えた結果である。
(4) したがって，この 14 本を少なくするためには，全体のカメの頭数の中から 1 頭につきツルの足 2 本に交換すれば 2 本ずつ少なくなる。

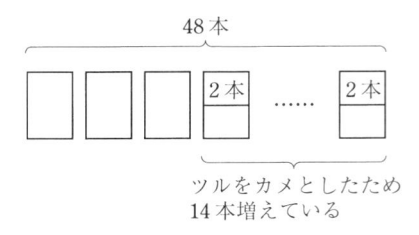

(5) では，ツルの何羽が，カメとして数えられているか。

以上より，次の算数の方法による解答が得られます。

▶ 算数の方法

総数 12 の全部をカメとみなすと，足の本数は，

$$4 \text{ 本} \times 12 = 48 \text{ 本}$$

となり，実際の足の本数よりは

$$48 \text{ 本} − 34 \text{ 本} = 14 \text{ 本}$$

多くなる。この 14 本は，ツルの総数をカメとして数えられていることから起きたものである。よって，

$$14 \text{ 本} \div (4 \text{ 本} − 2 \text{ 本}) = 7$$

がツルの総数である。このとき，カメの数は

第3章　解答に向かって目標を立てる

$$12 - 7 = 5$$

である。以上より，カメ5頭，ツル7羽。　　　… 答

[Ⅱ]　[Ⅰ]は例題14の解答でも使った考え方で解きましたが，2番目の問題［Ⅱ］のような「鶴亀算」に出会うと歯が立ちません。

このようなとき，**②類似問題を連想し，それを利用する**ことは，算数・数学では大切なことです。この力がいわゆる**応用力と言われる力の一つ**なのです。この［Ⅱ］では，［Ⅰ］との類似性をヒントに解いていきます。

では［Ⅱ］の題意の条件を整理してみましょう。当然，それぞれの足の本数を前提条件として考えなければなりません。
(1) 実際のツルとカメの足の総本数は全部で34本である。
(2) ツルとカメの頭数を入れ替えると，足の総本数は38本になる。

さて，この2つの条件をどのように使うかを考えなければなりません。

このとき，当面の目標を［Ⅰ］を参考にできないか，そして問題の類似性に注目するのも大切なことです。［Ⅰ］の要点は，127・128ページで整理したように「鶴亀算」の特徴を前提に，
(a) ツルとカメの総数
(b) 足の総本数
がポイントでした。このことから，ツルとカメの総数がわかれば，［Ⅱ］の骨子は［Ⅰ］と同じ設定の問題に書き換

えることができ，[Ⅱ]は[Ⅰ]と同様にして解けることが予測できます。

そこで，

当面の目標を「ツルとカメの総数」を求める

ことにおくのです。

この書き換えのためにはこれまで使っていない条件，すなわち，

ツルとカメの頭数を入れ替える

という条件を分析してみます。

数の特徴に注視しながら，具体化してみましょう。

例えば，ツルが2羽，カメが3頭のとき，足の合計は
$$2 \times 2 + 4 \times 3 = 16 \text{（本）}$$
となる。それぞれの頭数を入れ替えてツルが3羽，カメが2頭とすると，足の合計は
$$2 \times 3 + 4 \times 2 = 14 \text{（本）}$$
となる。このことを図示すると，下のようになります。

この図から,入れ替えるという操作に対して,ツル 1 羽とカメ 1 頭を 1 組とすると,必ず,あぶれることなく組み合わせることができ,この組の総数がツルとカメの総合計に一致することに注目するのです。

本問では
$$34 本 + 38 本 = 72 本$$
はこの「足が 6 本の『お化け』の足の総本数」ですから,「お化け」の数は
$$72 本 \div 6 本 = 12$$
となり,したがって,

「ツルとカメを合わせた総合計は 12」

とわかります。すると,[Ⅱ] は次のように書き換えることができます。

> ツルとカメの頭数は 12,足の本数は合わせて 34 本である。ツルは何羽,カメは何頭か。

これは [Ⅰ] と同じですね。このように,

「実際のツルとカメの頭数から得られる足の数の合計が a 本だったとき,ツルとカメの頭数を入れ替えると b 本に変わる」

という条件を処理することは,算数の方法ではかなりムズカシイことなのです。

いずれにしても,算数の問題では [Ⅰ] から [Ⅱ] へと,条件をほんの少し変えただけでも,問題の難度はかなり違ってくるのです。つまり,条件を変えれば,それに相応しい視点が算数では必要になってくるのです。こんなところが,

「算数の長所として好きになる人と，算数の短所ととらえて嫌いになる人」
との分かれ道になるのかもしれません。

念のために，以下で算数の方法による［Ⅱ］の解答をまとめておきます。

▶ 算数の方法

実際のツルとカメの頭数による足の本数は合わせて 34 本であるが，頭数を入れ替えると足の本数が 38 本に変わる。そこで

$$34 本 + 38 本 = 72 本$$

を考えると，これは，同数のツルとカメの足の本数を合計した数である。したがって，ツル，カメそれぞれ 1 羽と 1 頭を 1 組として考えると，この 1 組の足の本数は

$$2 本 + 4 本 = 6 本$$

ある。よって，組の総数は，

$$72 本 ÷ 6 本 = 12 組$$

したがって，ツルとカメの総数は 12 である。

これより，本問はツルとカメの総数 12，その足の本数が合わせて 34 本であるとき，ツルとカメの数をそれぞれ求めよ，という問題［Ⅰ］と同じ内容になる。

よって，［Ⅰ］の結果より

　　　ツルは 7 羽，カメは 5 頭。　　　　　… 答

本問で，ツルとカメの頭数を入れ替えるという操作に対してツル 1 羽，カメ 1 頭を 1 組とすると必ず，あぶれることなく組み合わせができると見抜いたことが，解答への重

第3章　解答に向かって目標を立てる

要なポイントになりました。そして，この手がかりを与えたのが

具体化して様子を見る

という行動でした。

　この力は，算数はもちろん数学の問題にも有効な作業であり，具体化することで，当面の目標が定まるのです。

「鶴亀算」も，代数の方法では直截な扱いで解けてしまいます。

代数の方法

[Ⅱ]

　ツルが x 羽，カメが y 頭いるとすると，実際のツルとカメの足の本数は 34 本だから

$$2x + 4y = 34 \quad \cdots ①$$

次に，ツルとカメの頭数を入れ替えると

$$4x + 2y = 38 \quad \cdots ②$$

よって，①と②を辺ごとに加えると

$$6(x + y) = 72$$

両辺を 6 で割ると

$$x + y = 12 \quad \cdots ③$$

〈ここからの解答は問題［Ⅰ］と共通になります〉

③より，$y = 12 - x$ 　　　　　　　　　　　　$\cdots ④$

この④の y を①に代入すると

$$2x + 4(12 - x) = 34$$

これより

$$2x = 48 - 34 = 14$$

よって　$x = 7$

これと④より
$$y = 12 - 7 = 5$$
以上より，ツルは7羽，カメは5頭。 … 答

　この代数による解答を見ますと，表面的には，単なる式変形を通して連立方程式の解を求めたに過ぎません。
　解答のポイントと言えば，
「ツルとカメの頭数を入れ替える」
という条件であって，ツルの数 x を y に，カメの数 y を x に変えて，等式
$$4x + 2y = 38$$
を作りそれを解くという作業をするだけのことです。そこには，**算数に見られる思考による洞察，翻訳による同義化の面白さ**，などは経験できません。代数では，ただ坦々と条件を等式に表現していくことによって，問題が解決できる手応えの確かさと論理の透明さが体験できるのです。
　これもきわめて重要なことですが……。

挑戦問題 14　鶴亀算（4）

[Ⅰ] ツルとカメがいてその合計数は15，足の総本数は44本である。ツルは何羽，カメは何頭いるか。

[Ⅱ] ツルとカメがいて，足の本数は合わせると38本であるが，もしツルとカメの数が入れ替わると，足の総本数は40本になるという。ツルは何羽，カメは何頭いるか。

第3章 解答に向かって目標を立てる

例題 15 の応用です。

◪ 算数の方法

[Ⅰ] 合計数 15 の全部をカメとみなすと，足の本数は
$$4 \times 15 = 60 \text{本}$$
となり，実際の本数よりは
$$60 - 44 = 16 \text{本}$$
多くなる。この 16 本は，すべてカメの頭数とみなしたことから起きた増加分である。これをツルの数に置き換えると
$$16 \text{本} \div (4 \text{本} - 2 \text{本}) = 8 \text{羽}$$
よって，カメの頭数は　　$15 - 8 = 7$ 頭。　　…**答**

[Ⅱ] ツルとカメの合計数を求める。

ツルとカメの足の総本数と，それぞれの頭数を入れ替えたときの足の総本数との合計は
$$38 \text{本} + 40 \text{本} = 78 \text{本}$$
である。ツル 1 羽とカメ 1 頭を 1 組と考えたとき，1 組の足の本数は
$$2 \text{本} + 4 \text{本} = 6 \text{本}$$
であるから，組数は
$$78 \text{本} \div 6 \text{本} = 13 \text{組}$$
できる。この数は，最初のツルとカメの合計数に一致する。

これより [Ⅱ] は，「ツルとカメの合計数が 13，足の総本数が 38 本であるとき，ツルは何羽，カメは何頭か」という問題に帰着できる。

これを解くために，合計数 13 の全部をカメとみなすと，足の本数は
$$4 \times 13 = 52 \text{本}$$

実際よりは 52 − 38 = 14 本多くなる。

　　よって，ツルの数は 14 ÷ (4 − 2) = 7 羽

　　　　　　カメの頭数は 13 − 7 = 6 頭。　　　　　…答

念のため，代数の方法も載せておきましょう。

◧ 代数の方法

[Ⅰ] ツルを x 羽，カメを y 頭とおくと，条件より

$$x + y = 15,\ 2x + 4y = 44$$

が成り立つ。この連立方程式を解いて，

$$x = 8,\ y = 7$$

　　　　　ツル 8 羽，カメ 7 頭。　　　　　…答

[Ⅱ] 題意より，

$$2x + 4y = 38,\ 2y + 4x = 40$$

2 式の和と差を作ると，それぞれ

$$x + y = 13,\ x − y = 1$$

この連立方程式を解いて，

$$x = 7,\ y = 6$$

　　　　　ツル 7 羽，カメ 6 頭。　　　　　…答

「①論理的に展望する」は，これまでのように「数の特徴」ばかりでなく，式の特徴，図の特徴に注目して解答への展望を行うこともあります。例えば，次の問題は式の特徴をとらえて展望することが解法への足がかりを与えます。

第3章　解答に向かって目標を立てる

例題16　分数小数の計算問題

$$\frac{1}{5}+\frac{1}{5^2}+\frac{1}{5^3}+\frac{1}{5^4}+\frac{1}{5^5}+\frac{1}{5^6}$$

を計算し，小数で表せ。ただし，小数第6位までとする。

なお，数字5の右肩にある数字は

$5^2 = 5 \times 5$, $5^3 = 5^2 \times 5 = 5 \times 5 \times 5$, ……,

$5^6 = 5 \times 5 \times 5 \times 5 \times 5 \times 5$

のように，掛けている5の個数を表す。

また，$\left(\dfrac{1}{5}\right)^2 = \dfrac{1}{5} \times \dfrac{1}{5}$ である。

5^2, 5^3, ……, 5^6

など，数字5の右肩に書いてある数字2や3は，中学で学ぶ指数と呼ばれるものですが，この意味は問題文にあるように，掛ける数の個数を示しています。このことが理解できれば，小学生にも決して難しくはないでしょう。

このような計算では，ただ闇雲に行うのではなく，**式の特徴を見抜き，工夫をして計算していく**ことが大切です。

この問題にもいろいろの特徴があります。

まず，$\dfrac{1}{5} = 0.2$ であり，$\dfrac{1}{5^2} = \left(\dfrac{1}{5}\right)^2 = (0.2)^2$ であることに注目することも一つです。すると与えられた式は

$(0.2) + (0.2)^2 + (0.2)^3 + (0.2)^4 + (0.2)^5 + (0.2)^6$

を計算すればよいことがわかります。

この計算は，次のように工夫すると，紙の上でも容易に行え，しかも誤りは少なくなります。

$$(0.2)^1 = 0.2 = \qquad 0.2$$
$$(0.2)^2 = 0.2 \times 0.2 = \qquad 0.04$$
$$(0.2)^3 = 0.04 \times 0.2 = \qquad 0.008$$
$$(0.2)^4 = 0.008 \times 0.2 = \qquad 0.0016$$
$$(0.2)^5 = 0.0016 \times 0.2 = \qquad 0.00032$$
$$(0.2)^6 = 0.00032 \times 0.2 = \qquad 0.000064$$

右辺の数を各位ごとに加えれば,計算は容易にできます。

算数の方法

$\dfrac{1}{5} = 0.2$ であるから,与えられた式は

$$0.2 + (0.2)^2 + (0.2)^3 + (0.2)^4 + (0.2)^5 + (0.2)^6$$

と同じである。

ここで,$(0.2)^2 + (0.2)^3 + (0.2)^4 + (0.2)^5 + (0.2)^6$ は,順次,次のように得られた結果に 0.2 を掛けていくことで得られる。小数点を上下にそろえて各位の数を加えると,

$$
\begin{array}{ll}
(0.2)^1 = 0.2 = & 0.2 \\
(0.2)^2 = 0.2 \times 0.2 = & 0.04 \\
(0.2)^3 = 0.04 \times 0.2 = & 0.008 \\
(0.2)^4 = 0.008 \times 0.2 = & 0.0016 \\
(0.2)^5 = 0.0016 \times 0.2 = & 0.00032 \\
(0.2)^6 = 0.00032 \times 0.2 = & \underline{0.000064} \\
& +)\ 0.249984 \\
\hline
0.249984 &
\end{array}
$$

… **答**

第3章 解答に向かって目標を立てる

与えられた式には次のような特徴もあります。

与えられた式 $\dfrac{1}{5}+\underline{\dfrac{1}{5^2}+\dfrac{1}{5^3}+\cdots +\dfrac{1}{5^6}}$ の全体に，$\dfrac{1}{5}$ を掛けると，

$$\underline{\dfrac{1}{5^2}+\dfrac{1}{5^3}+\cdots +\dfrac{1}{5^6}}+\dfrac{1}{5^7}$$

と，下線部は同じものを作ることができるという特徴があります。この特徴を利用することを考えたのが，次の代数の方法です。

📘 代数の方法

求める和を S とする。

$$S=\dfrac{1}{5}+\dfrac{1}{5^2}+\dfrac{1}{5^3}+\cdots +\dfrac{1}{5^6} \quad \cdots ①$$

この等式の両辺に $\dfrac{1}{5}$ を掛けると

$$\dfrac{1}{5}S=\dfrac{1}{5^2}+\dfrac{1}{5^3}+\cdots +\dfrac{1}{5^6}+\dfrac{1}{5^7} \quad \cdots ②$$

よって，①－②より

$$\dfrac{4}{5}S=\dfrac{1}{5}-\dfrac{1}{5^7}=\dfrac{1}{5}\left(1-\dfrac{1}{5^6}\right)$$

両辺に $\dfrac{5}{4}$ を掛けて $\quad S=\dfrac{1}{4}\left(1-\dfrac{1}{5^6}\right)$

ここで，$\dfrac{1}{5}=0.2$ であり，前ページの結果を使うと

$$S=\dfrac{1}{4}(1-0.000064)=0.25-0.000016=0.249984$$

… 答

例題 17　最大公約数の利用（1）

　長方形をした土地の周囲に樹木を植えたい。土地の広さは，横の長さが 492 m，縦の長さが 348 m である。

　また，樹木は等間隔に，しかも，各四隅には必ず植えるとし，植える樹木の本数はなるべく少なくしたい。樹木は最少何本必要か。

　この問題は植木がテーマであるから「植木算」と思うでしょうが，本質は最小公倍数・最大公約数の問題です。

　解説は，この説明から入りましょう。

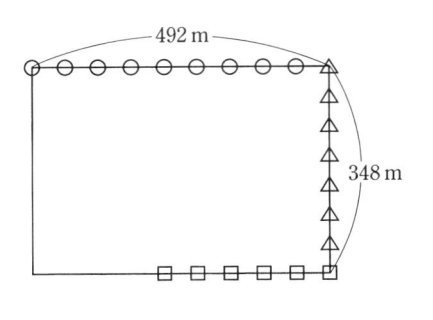

　そのためにまず，この題意を整理してみましょう。

(1) 土地は長方形である。
(2) 横の長さは 492 m，縦の長さは 348 m である。
(3) 等間隔に樹木を植え，しかも，四隅には必ず樹木を植える。
(4) 使用する樹木は最少何本か。

　ここで，(2)，(3) に注目し，この内容を分析してみま

しょう。

例えば，樹木の間隔を 2 m にしてみると，間隔は横に
$$492 \text{ m} \div 2 \text{ m} = 246 \text{（個）}$$
でき，そこに 246 本の樹木を植えることができます。

同様に，縦にも，
$$348 \text{ m} \div 2 \text{ m} = 174 \text{（個）}$$
の間隔がとれ，そこに 174 本の樹木を植えることができます。

このように，樹木の間隔を 2 m としたとき，横にも縦にも等間隔でとれたのは，

2 つの数 492，348 が 2 の倍数

であったからです。このことを，

「2 数は 2 で整除される」「2 数の公約数は 2 である」

と言うのです。

ところが，樹木の間隔を 3 m としてみても，

横には，$492 \div 3 = 164$ 本

縦には，$348 \div 3 = 116$ 本

の樹木を植えることができます。

そうすると，間隔を 2 m とするよりも 3 m とした方が，「樹木の数をなるべく少なくする」という条件に適するわけです。

したがって，2 数 492 と 348 の両方が割り切れる 3 より大きい数を探すことが目標になります。

ここで，少し整数の性質について解説しておきましょう。

整数には 2，3，5，7 のように，自分自身（1 を除く）でしか割れない数があります。このような数を**素数**と言い，

整数はいろいろな素数で構成されています。

例えば, 12 と 76 は
$$12 = 4 \times 3 = 2 \times 2 \times 3$$
$$76 = 19 \times 2 \times 2$$
のように, 素数の積で表せます。整数をこのように素数の積で表すことを**素因数分解**と言います。

この問題の 2 数 492, 348 も, 素因数分解すると
$$492 = 2 \times 2 \times 3 \times 41, \ 348 = 2 \times 2 \times 3 \times 29 \quad \cdots ①$$
となります。したがって, 2 や 3 はこの 2 つの数に共通な数であることがわかり, 等間隔に分けることがわかるのです。

したがって, 条件の「植木の本数を最少にする」ためには, 両方の数を素因数分解し, 2 数に共通する数のうち最大のものを求めればよい, ということになります。

(注) 2つ以上の整数に共通な数を**公約数**と言います。公約数のうち最大のものを**最大公約数**と言い, G.C.M.で表すこともあります。

2 数 492 と 348 の最大公約数は, ①より
$$2 \times 2 \times 3 = 12$$
となります。

では (3) の後半の条件, すなわち, 四隅に必ず植えるということをどのように考えればよいのでしょうか。これも数を小さくして具体的に図で考えてみましょう。

例えば図のように, 横の間隔が 7 個, 縦の間隔が 5 個取れたとすると, 樹木は横に左端の隅からはじめて 7 本植え

ることができ，縦に
は，右上隅からはじ
まって5本植えるこ
とができます。する
と，図の点線の上側
の上辺と右辺の起点
には樹木を植えるこ

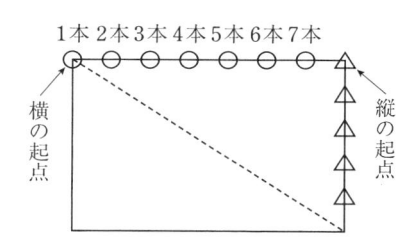

とができます。しかも，長方形は1つの対角線に関して対
称な図形であることに注意すると，点線より下側にある2
辺の樹木の植え方は，上側と同じ要領で植えることができ
ます。したがって，使用する樹木の総数は

$$(7+5) \times 2 = 12 \text{本} \times 2 = 24 \text{本}$$

と求めることができます。

では，算数の方法で解答をまとめてみましょう。

◢ 算数の方法

横の長さと縦の長さがそれぞれ492 m，348 m である長方
形の土地の周りに樹木を植えるとき，題意をみたすような樹
木の間隔は，2数492，348の最大公約数であればよい。

ここで，2数を素数の積の形（素因数分解）で表すと

$$492 = 2 \times 2 \times 3 \times 41, \quad 348 = 2 \times 2 \times 3 \times 29$$

となり，最大公約数は

$$2 \times 2 \times 3 = 12$$

となる。すなわち，樹木の間隔は 12m とすれば，最も少な
く植えて条件をみたすことができる。

このとき，横と縦の間隔の個数は，それぞれ

$$492 \div 12 = 41, \quad 348 \div 12 = 29$$

となるので,樹木の数は全部で
$$(41 + 29) \times 2 = 140 \text{ (本)} \quad \cdots \text{答}$$

　本問の要点は,「土地が長方形である」こと,したがって,対角線に関して対称な図形であるから,直角をはさむ2辺(横と縦)だけに焦点を絞ってよいと考えることができます。

　これが,「図の特徴をとらえる」ことです。

　次に,「等間隔に樹木を植える」ことは,「1つの辺上では,四隅の1点を起点として樹木を植えていく(他端を除く)」と考えますと,間隔の個数と樹木の本数が一致します。

　これも大切な「図形の辺上」における性質で,後で学ぶ「植木算」に用いる基本性質でもあります。このように「等間隔に樹木を植える」ということに対する考え方では,

| 等しい間隔→共通の間隔→共通の除数→公約数(割る数) |

という流れ図(フローチャート)が基本になります。

| (注)ここで,除数という語の意味は割る数のことで,例えば,5を3で割るとき,5を被除数,3を除数と言います。 |

　「図の特徴をとらえる」ことの大切さは,これまでにも多くの問題で図解し,その特徴を利用して問題を解いてきました。しかし,これまでの図は題意をつかみとるために利用したものであり,この問題では,図そのものが条件にな

っている点が異なります。

それにしても，算数の多くの問題で，**図解する，図形の性質を利用する，図形に関する公式や定理を復元する**学習は，忘れてはならない大切なポイントです。中学数学，さらには高校数学になっても，この視点は忘れてはならないことです。

さて，代数の方法では，どのように考えたらよいでしょうか。

やはり，長方形の土地の周りに等間隔に，樹木を植えることをイメージすることは大切です。

まず，図形の対称性から，対角線の上半分に植え，それを2倍すればよいことがわかります。

次に，樹木を等間隔に植えるのですから，その間隔の幅を x m としたとき，横には間隔が p 個でき，縦には q 個できるとすると，

$px = 492$ ……①
$qx = 348$ ……②

と表すことができます。

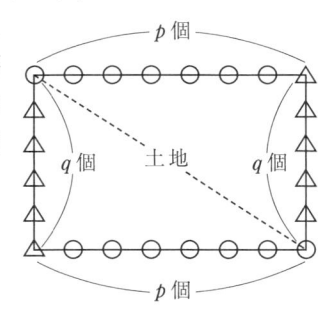

さらに，なるべく少ない樹木を植えるという条件があります。これは，間隔をできるだけ広くすれば，その分だけ植える樹木の本数は少なくなるわけですから，x の値をできる限り大きくすればよい，ということになります。

ここで，p，q は整数であり，①，②の右辺はともに整数であるため，x も整数でなければなりません。

①, ②の右辺を素因数分解すると
$$492 = 2 \times 2 \times 3 \times 41, \quad 348 = 2 \times 2 \times 3 \times 29$$
となり, ①, ②はそれぞれ
$$px = 41 \times 2 \times 2 \times 3, \quad qx = 29 \times 2 \times 2 \times 3$$
と表され, 共通の x は, それぞれの右辺の公約数であることがわかります。すなわち, x は 2 数の最大公約数であればよいのです。

こうして, $x = 2 \times 2 \times 3 = 12$ が定まるので, ①, ②より
$$p = 41, \quad q = 29$$
が求められます。したがって, 長方形の周の半分に植える樹木の数は $\quad p + q = 41 + 29 = 70$ (本)
となり, 求める樹木の総数は
$$70 \times 2 = 140 \text{ (本)}$$
です。以上をまとめると, 次の解答になります。

▶ 代数の方法

土地 (長方形) の 2 辺 (横と縦) に等間隔に, なるべく本数が少なくなるように樹木を植えることを考える。

いま, 等間隔を x m とし, 横の辺で間隔が p 個, 縦の辺で間隔が q 個できるとすると, 辺の長さの関係から
$$px = 492 = 41 \times 2 \times 2 \times 3$$
$$qx = 348 = 29 \times 2 \times 2 \times 3$$
が成り立つ。ここで, p, q は整数であるから, x も整数である。このとき, 樹木の本数をなるべく少なくするには, x の値は出来るだけ大きな値, すなわち, 2 数 492, 348 の最大公約数をとればよい。よって, x の値は,
$$x = 2 \times 2 \times 3 = 12$$

である。このとき
$$p = 41,\ q = 29$$
であるから，土地の半周に植える樹木の数は
$$p + q = 41 + 29 = 70\ （本）$$
よって，植える樹木の総数は
$$70 \times 2 = 140\ （本）$$
…**答**

この代数の方法は，算数の方法と異なり，間隔の値が最大公約数とわかるのは，等式を立てたあとのことです。しかも，「なるべく少ない本数」の樹木を植えるためには，間隔 x の値をなるべく大きくすることですが，これは代数でも算数でも同じで，必ず通らねばならない図形の特徴をとらえて論理的に展望する視点なのです。これによって，x が2数の最大公約数であればよい，ということが見抜けるのです。

挑戦問題 15 最小公倍数の利用（1）

A，B，Cの3人が池の周りを1周するのに，Aは8分，Bは12分，Cは16分かかる。今，3人がこの池の周囲の一点を同時に出発して同じ方向に廻るとき，出発してから何分後に再び出会うか。また，出会うまでに，3人はそれぞれ池を何周するか。

例えば，AとBの2人だけだとすると，2人は24分後

に出会う。すなわち，8 と 12 の共通の倍数である 24 分後，48 分後，……に出会うことがわかります。

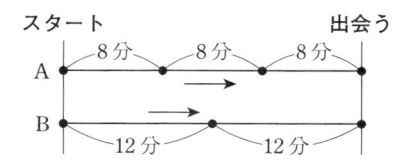

```
スタート                          出会う
       ←8分→ ←8分→ ←8分→
    A ●─────●─────●─────●
              →
              →
    B ●─────────●─────────●
         ←12分→   ←12分→
```

3 人になっても考え方は変わりません。

(注) 2 つ以上の数に共通な倍数を**公倍数**と言い，そのうちの最小の数を**最小公倍数**（L.C.M.）と言います。

算数の方法

3 人が池の周りを 1 周するのに要する時間は異なるので，再び出会うまでの時間は，8，12，16（分）を含む数であって，しかも最も小さいものが望ましい。

A, B, C の所要時間 8 分, 12 分, 16 分を素因数分解すると

$8 = 2 \times 2 \times 2$, $12 = 2 \times 2 \times 3$, $16 = 2 \times 2 \times 2 \times 2$

となる。よって，3 数 8，12，16 の最小公倍数は，

$$2 \times 2 \times 2 \times 2 \times 3 = 48$$

A, B, C の 3 人が再び出会うのは 48 分後。 …**答**

それまでに，池の周りを廻る回数は

$$A は 48 \div 8 = 6 \text{ 周}$$
$$B は 48 \div 12 = 4 \text{ 周}$$
$$C は 48 \div 16 = 3 \text{ 周}$$ …**答**

である。

第3章　解答に向かって目標を立てる

代数の方法は,「出発してから何分後に出会うか」という問いを受け止めて, t 分後に出会うと考え, 条件を t で表すことを考えます。

📘 代数の方法

3人が出発後 t 分後に出会うとし, 出会うまでに, A, B, C はそれぞれ a, b, c 周したとすると, 次の3つの等式が成り立つ。

$$t = 8a, \ t = 12b, \ t = 16c$$

よって, 　　$t = 8a = 12b = 16c$ 　…①

①より, t は 8, 12, 16 の倍数であることを示している。すなわち, 最初に出会う時刻は, 8, 12, 16 の最小公倍数であるから,

$$t = 48$$

である。よって, 48分後に3人は出会う。　　…㊐

また, 3人が池を廻った回数は, ①より,

$$A は \ a = \frac{48}{8} = 6 \ より \ \ 6周$$

$$B は \ b = \frac{48}{12} = 4 \ より \ \ 4周$$

$$C は \ c = \frac{48}{16} = 3 \ より \ \ 3周 \quad …㊐$$

である。

目標設定力　2．類似問題を連想し利用できる力

　目標設定力の①が，論理的かつ直観的な視点から目標を定めていくのに対して，この②は経験的でしかも演繹的な視点から目標を定めていくための「力」を強調したものです。

　すでに「鶴亀算」ででてきた例題 15 や挑戦問題 14 の［Ⅱ］を解くときに，それぞれ［Ⅰ］の問題を連想し，そこへ帰着させていくことで，解答を得ることができました。このような目標の立て方は算数や中学の数学ばかりでなく，大学入試問題を解く上でも，また，専門の数学を研究する上でも，必要なことです。「類似問題を連想する」ことは，研究を効率よく，あるいは研究テーマへの閃きを与えてくれるものなのです。

　この力を，「植木算」を例に上げながら，再度解説してみます。

　植木算とは，ある 2 点間に同一間隔で電柱を立てたり，植木を植える，といった形式の問題を総称して呼んでいます。

　植木算を考えるときは，それなりの予備知識があると便利です。すなわち，柱や樹木を立てるとき，
1）直線に沿って植える
2）ある形の周囲（円形や正方形，長方形など）に沿って植える

の 2 通りの場合があります。それぞれの場合にどのような留意点があるのかを整理してみましょう。

第 3 章　解答に向かって目標を立てる

1) 直線上に等間隔に柱を立てる場合の，柱の数と間隔の数との関係

これには，次の (a) 〜 (c) の 3 通りがあります。

以下の図では，柱を①，②，③，…… と表し，それらの間隔を (1)，(2)，(3)，…… と表すことにします。

(a) 図のように，一方の端にだけ柱がある場合

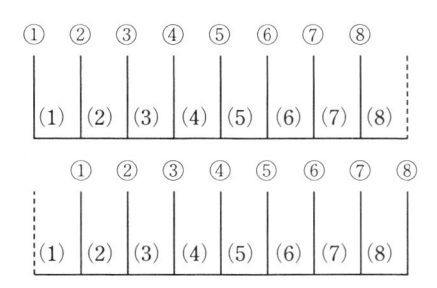

例題 17 のときと同じで

　　　　　(柱の数) = (間隔の個数)

が成り立ちます。

(b) 両端に柱がある場合

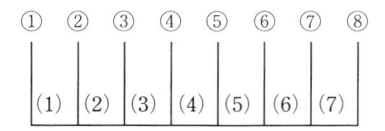

片方の手を広げてみてください。指は 5 本ですが，間隔は 4 つです。そこでこの場合，

　　　　　(柱の数) = (間隔の個数) + 1

が成り立ちます。

(c) 両端に柱がない場合

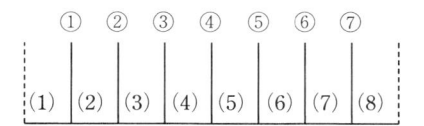

この場合は，明らかに間隔の数が柱の数より1個多いので

$$（柱の数）＝（間隔の個数）－1$$

が成り立ちます。

2) 円形または長方形の周りに柱を立てる場合

下の図からも明らかなように，柱の数と間隔の個数が同じになります。

これは1) の (a) の場合を考えたとき，線分を丸めて，左端と右端を重ね合わせた場合と同じことになります。

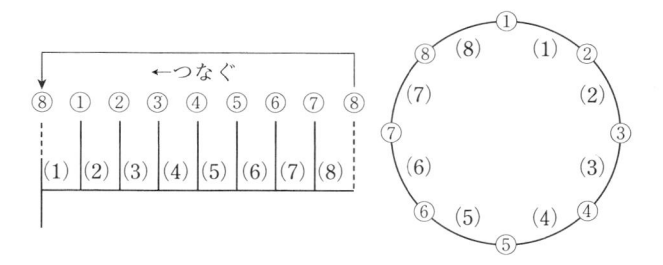

円を変形して長方形にしても，柱の数と間隔数に変化はありません。

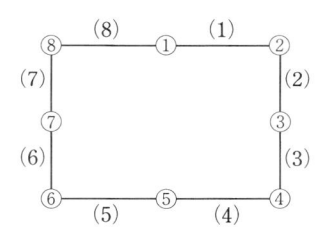

第3章　解答に向かって目標を立てる

したがって，この場合は1）の（a）と同じく

$$(柱の数) = (間隔の個数)$$

が成り立ちます。

以上の予備知識を基礎にして，次の問題を考えてみましょう。

例題18　植木算（1）

3990 m 離れた2本の石柱の間に18本の石柱を等間隔に立て，さらに石柱と石柱との間に5本ずつの木を等間隔に植えたい。木と木の間隔をどのようにとればよいか。

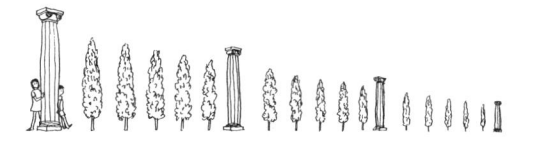

まず，題意の分析をしますと，
（ア）3990 m の両端の石柱の間に18本の石柱があるので，全体の石柱の数は

$$18本 + 2本 = 20本$$

よって，1）の（b）より

$$(石柱の数) = (間隔の個数) + 1$$

ですから

(間隔の個数) = (石柱の数) − 1 = 20 − 1 = 19 (個)

(イ) 石柱と石柱の間に 5 本の木を植えるということは，両端の石柱とその間の木の 5 本で

$$2 \text{本} + 5 \text{本} = 7 \text{本}$$

となります。

よって，1) の (b) より，

(間隔の個数) = (石柱の数) − 1 = 7 − 1 = 6 (個)

以上の分析から，各間隔の距離が求められます。

▶ 算数の方法

石柱と石柱の間隔は

$$3990 \text{ m} \div (20 − 1) = 210 \text{ m}$$

となるから，木と木の間隔は

$$210 \text{ m} \div (7 − 1) = 35 \text{ m}$$

よって，求める間隔は，35 m … **答**

とすればよい。

このように，予備知識の効果というものは，解答の現場において，計算や分析の過程をかなりの部分にわたって省くことが可能になります。これは**類似問題を連想し，利用する**ことと同義のことでしょう。つまり，以前に学んだことがらを知識として復元し，それを目前の問題に適用して，方策（方法・手段）として利用することができるのです。それには，以前に学んだことがらと，現在直面している問題の内容とに，ある種の

関連性と類似性を認める力

が必要です。それがないと，それを解決力として働かせる

ことは難しいのです。そこで，以前に学んだ問題やそこで活用した公式などを，きちんと正しく身につけておく必要があります。

では，代数の方法で解いてみましょう。

代数の方法は，木と木の間隔を x m とおけば，その目標が明瞭になります。

💠 代数の方法

木と木の間隔を x m とすると，両端の2本の石柱の間に，18本の石柱があって，間隔は，図より，19個ある。

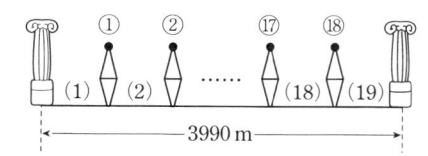

次に，石柱と石柱の間には，5本の木を植えるので，等しい間隔を6個作る必要がある。

よって，図より，石柱と石柱の間隔は $6x$ となる。

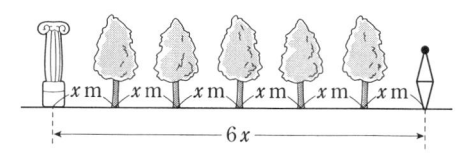

したがって，石柱と石柱の間隔は全部で19個あるから，両端の石柱の間の距離は $19 \times 6x$ (m) で，これが 3990 (m) に等しい。

よって，等式

$$19 \times 6x = 3990$$

が成り立つから，

$$x = \frac{3990}{19 \times 6} = 35 \text{ (m)} \quad \cdots \text{答}$$

この代数の方法は，植木算の予備知識を知らなくとも，図解することで，柱の数と間隔数の関係を書き出し，等式を作ることができます。

しかし，テストなどではなるべく速く，しかも確実な答案を書く必要があります。このようなとき，予備知識の有無は当然，テストの結果を左右することになります。

挑戦問題 16 植木算（2）

[I]　周囲360 m の池の周りに4 m おきに桜を植える計画がある。何本の桜が必要か。

[II]　ある川の堤は300 m ある。この堤に20 m おきに松を植え，松と松との間に5 m おきに桜を植えたい。松と桜はそれぞれ何本必要か。

下の図を参考に，予備知識を思い起こして解いてみましょう。

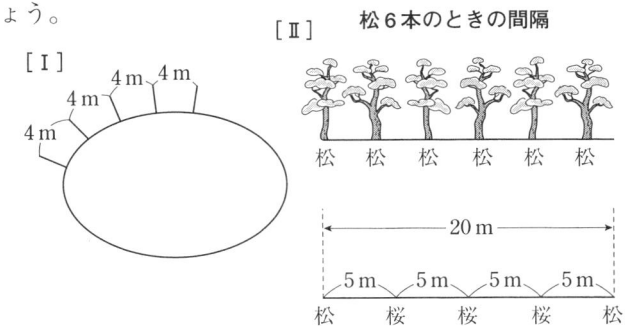

第3章　解答に向かって目標を立てる

◨ 算数の方法

［Ⅰ］　円形の場合，桜の本数と間隔数は同数であるから，
$$360 \div 4 = 90 \text{（本）} \quad \cdots \text{答}$$

［Ⅱ］　松と松との間隔は 20 m であるから，間隔数は
$$300 \div 20 = 15$$
である。

したがって，松の本数は
$$15 + 1 = 16 \text{（本）} \quad \cdots \text{答}$$

また，松と松との間には 5 m 間隔で 3 本の桜が植えられるから，桜の本数は
$$3 \times 15 = 45 \text{（本）} \quad \cdots \text{答}$$
が必要である。

代数の方法は，まず求めたいものを文字で与え，予備知識を連想して解いていきます。

◨ 代数の方法

［Ⅰ］　桜の本数を x 本とすると，4 m おきに植えるので
$$4x = 360 \text{（m）}$$
よって，
$$x = 90 \text{（本）} \quad \cdots \text{答}$$

［Ⅱ］　まず，松の本数を x（本）とすると，松と松の間隔数は $x - 1$ 個である。よって，堤の長さについて
$$20(x - 1) = 300 \text{（m）}$$
が成り立つ。

よって，
$$x - 1 = 15$$

したがって，松の本数は
$$x = 15 + 1 = 16 \text{（本）} \quad \cdots \text{答}$$

次に，間隔数が 15 で，1 つの間隔に 3 本の桜を植えるこ

とができるから

$$15 \times 3 = 45 \text{（本）} \quad \cdots \text{答}$$

の桜が必要となる。

これまでに見てきたように，確たる知識とそれを利用した問題解法をイメージすることで，未知の問題でも目標を容易に立てることができるのです。

例題 19　最大公約数の利用 (2)

みかん 1428 個，りんご 510 個，バナナ 816 本がある。これらを公平にしかもなるべく多数の子どもに，ひとつも残さずに配りたい。何人の子どもに配れるか。ただし，各果物は半分にするなどしてはいけない。

表題にあるように，最大公約数の問題と言われれば，読者は例題 17 をイメージするでしょう。例題 17 の問題の核心になっていた事柄は素因数分解でしたね。これを思い起こしながらこの問題を分析してみましょう。

題意の条件は

(1) 果物の数は，みかん 1428 個，りんご 510 個，バナナ 816 本である。
(2) 公平に半端を出さないで配る。
(3) なるべく多数の子どもに分配する。

ということである。

とくに，注目しなければならない条件は，(2) の条件です。

第3章　解答に向かって目標を立てる

　半端を出さないで配る，ということから，子どもの人数は1428，510，816の各数を同時に割り切る数でなければならないことを読み取らなければなりません。

　さらに（3）の条件から，これら3数を割り切る数は可能な限り大きな数でなければならない，すなわち，
「3数の最大公約数が子どもの人数」
と分析ができます。

　以上の分析によって，次の解答ができます。

算数の方法

　配ることができる最大の人数は，各果物の数1428，510，816をそれぞれ割り切る数のうち最大の数，すなわち最大公約数に等しい。

　各数を素因数分解すると
　　$1428 = 2 \times 2 \times 7 \times 51 = 2 \times 2 \times 3 \times 7 \times 17$
　　$510 = 2 \times 5 \times 51 = 2 \times 3 \times 5 \times 17$
　　$816 = 2 \times 2 \times 2 \times 2 \times 51 = 2 \times 2 \times 2 \times 2 \times 3 \times 17$
　したがって，最大公約数は
$$2 \times 3 \times 17 = 102$$
である。よって，102人の子どもに分配できる。　…**答**

　この問題でも，最大公約数を応用しましたが，そのキーワードは問題文の「**公平にしかもなるべく多数の子どもに配る**」という条件です。「公平」だけなら，公約数のどれでもよいのですが，それに加えて「なるべく多数の」という条件がみたされるためには，
「公約数の中で，最大なもの（すなわち最大公約数）」
という考えが必要であることを覚えておきましょう。

例題 19 の代数の方法による解答は次のようになります。この解答も，算数の方法と比べ，考え方や方法は大筋においてほとんど変わりはないでしょう。

◐ 代数の方法

求める子どもの数を x 人とすると，この x は，1428，510，816 の 3 数を同時に整除する（割り切る）数の中で最大なものである。

よって，3 数を x で割ったときの商をそれぞれ a, b, c とすると

$$1428 = ax, \ 510 = bx, \ 816 = cx$$

と表せる。各式の左辺を素因数分解すると

$$ax = 2 \times 2 \times 3 \times 7 \times 17$$
$$bx = 2 \times 3 \times 5 \times 17$$
$$cx = 2 \times 2 \times 2 \times 2 \times 3 \times 17$$

となる。これより 3 数に共通な因数で最大数 x は

$$x = 2 \times 3 \times 17 = 102$$

すなわち，102 人。　　　　　　　　　　　　　　　… 答

算数でも代数でも，題材が「公約数，公倍数」という整数に関する問題では，素因数分解が基本であることは忘れてはならない大切な視点です。

次の，最小公倍数の問題も同様です。

▍例題 20　最小公倍数の利用（2）▍

48 個の歯を持つ歯車 A と，132 個の歯を持つ歯車 B が噛み合っている。2 つの歯車の歯は，小さい方の歯車 A が何回転したとき，再び同じ歯同士が噛み合うか。

第3章 解答に向かって目標を立てる

　江戸時代のからくり人形は,いろいろな歯の数を持った歯車を組み合わせて,微妙な人形の動きを制御していました。こんなところから,この問題は「**歯車の問題**」と言われ,昔から多くの人びとの興味の対象となっていたのです。

　歯車の問題や時計の時刻の問題のように,円周上の目盛りに関係する問題では円形に目を奪われがちですが,むしろ「円や円周として考えない」ことがポイントになる場合もあります。すなわち,

　線分は円周の1点を切り離したもの

　円周は線分の両端をつないだもの

と考えるところにあります。つまり,**発想の転換**が必要です。

　では,本問の題意の分析を行いましょう。
(1) 歯車Aの歯は48,歯車Bの歯は132。
(2) 歯車Aが何回転したら,最初に噛み合っていた歯同士が再び噛み合うか。
となります。
　これらと同義の翻訳は次のようになります。
(a) 歯車A,Bの噛み合った歯の部分を切り離して,1つの線分にすると,A,Bの歯数は48と132になる。
(b) 出会う歯の部分を起点とし,歯の数をその歯車の長さと見て,Aの長さ(48)とBの長さ(132)の線分がそれぞれ何本ずつ集まったとき,同じ長さとなるか。
(c) 最初の歯と歯が再び出会うことはあるのか,あるならばそれはどのようなときか。

それは，48 と 132 の 2 数それぞれを整数倍して同じ値になるときである。

(d) すなわち，その長さは 48 と 132 の公倍数のうち最小となる数（最小公倍数）のときである。

これらのことを図解すると次のようになります。

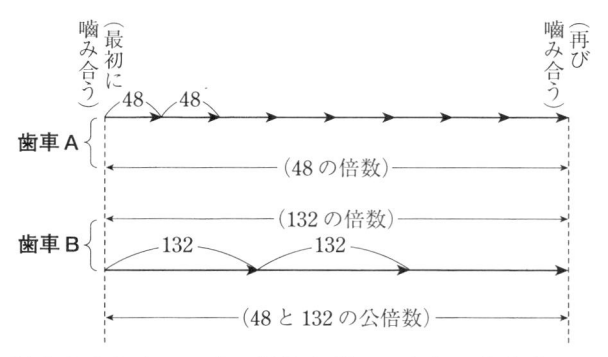

以上をまとめて，次の解答を得ることができます。

▶ 算数の方法

歯車 A，B の歯数がそれぞれ 48，132 であるから，48，132 の最小公倍数は，2 数を素因数分解して

$$48 = 2 \times 2 \times 2 \times 2 \times 3, \quad 132 = 2 \times 2 \times 3 \times 11$$

となるから，求める最小公倍数は

$$2 \times 2 \times 2 \times 2 \times 3 \times 11 = 528$$

この 528 は A，B が再び出会うまでに回転する歯数である。

よって，小輪 A の回転数は

$$528 \div 48 = 11 \;(回) \qquad \cdots \text{答}$$

このように，歯車の問題も，発想の転換をして，歯数を一直線上の線分の長さに読み直して，2 つの線分の長さの

第3章　解答に向かって目標を立てる

最小公倍数を求める問題に翻訳しました。これも，一度経験していれば，類似の問題に対して活用できますね。

代数の方法による解答を書いてみましょう。

💡 代数の方法

最初に噛み合った歯が再び噛み合うまでに動いたA，Bそれぞれの歯車の回転数を，x回転，y回転とする。このとき，動いた歯数はそれぞれ$48x$（歯），$132y$（歯）であるから，条件をみたすのは

$$48x = 132y$$

すなわち，　　　　　　　　$4x = 11y$　　…①

が成り立つときである。

これより，求めるxの値は，①をみたす最小の自然数であればよい。まず，①を次のように変形する。

$$x = 11 \cdot \frac{y}{4}$$

この式の左辺xは整数であるから，右辺も整数でなければならない。4と11は互いに約数を持たないから，$\frac{y}{4}$は整数でなければならない。すなわち，yは4の倍数でなければならない。しかも，xが一番小さくなるのは $\frac{y}{4} = 1$ のときである。

これより，$y = 4$　　　　このとき，$x = 11$

したがって，Aの回転数は11回。　　　　　　　　　…【答】

次に挑戦問題を載せておきます。解答は省略しますので，

各自考えてください。

挑戦問題 17　最小公倍数の利用（3）

　普通紙 780 枚と再生紙 615 枚を用いて，それぞれの紙で何冊かのノートを作った。1 冊のノートの紙の枚数は等しく，しかもできるだけ多く作った。このとき，普通紙は 15 枚，再生紙は 30 枚残ったという。それぞれのノートは何冊ずつ作ったか。

〈答〉普通紙ノート 17 冊　再生紙ノート 13 冊

第3章 解答に向かって目標を立てる

目標設定力　3．具体化して様子を見る力

　問題文を読んで，どこからどう手をつければよいのかさっぱりわからないことがあります。そんな場合に，しっかり問題内容を読解し，題意を分析していく過程で，個々の場合を具体化し，様子を見て考え方の手がかり，解法の糸口を見つけ出し，当面の目標を設定するきっかけをつかむことができることがあります。

　これは，**実験的に，かつ帰納的な表現を試みながら，当面の目標を模索していく力**です。

　実際に見ていきましょう。

例題21　割合の問題（1）

　ワインが5リットル入っている容器がある。この中から1リットルを汲み出して，代わりに水を1リットル入れる。さらに，この中から1リットルを汲み出して，水を1リットル入れる。この操作を5回繰り返した後，容器の中に溶け込んでいるワインの量は何リットルか。

　ワインを水で薄める問題ですが，1リットル汲み出しては，代わりに水を入れることを5回続けるのです。

　具体的に1回目の操作を考えてみましょう。

　ワイン5リットルの中から，1リットルを汲み出して，水1リットルを入れた後では，容器の中の5リットルという全体の量には変化がありません。しかし，5リットル中

の 1 リットルは水ですから，当然ワインの量は減少します。

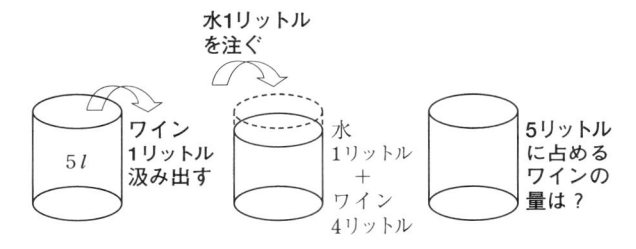

その減少後のワインの量は，最初に入っていたワインの量 5 リットルからその 5 分の 1 を引いた量ですから，

$$5 - 5 \times \frac{1}{5} = 5 \times \left(1 - \frac{1}{5}\right) = 4$$

となります。

このように，本問に対する小手調べというか，ジャブを繰り出すというか，最初の段階では，問題を具体的に調べ，様子をうかがうことによって，問題の構造の輪郭がわかってきます。

この小手調べを参考に，問題の内容のあらましをつかむことで，題意の分析が容易になります。

題意の分析は次のようになります。

(1) 第 1 回にワイン 1 リットルを汲み出して，水 1 リットルを入れると，その全体に含まれるワインの残量は

$$5 \times \left(1 - \frac{1}{5}\right) \text{ (リットル)}$$

となります。すなわち，$1 - \frac{1}{5} = \frac{4}{5} = 0.8$ で

$$5 \times 0.8$$

第 3 章　解答に向かって目標を立てる

となります。
(2) (1) の考察から第 2 回でのワインの残量はさらに減って

（第 1 回目の操作後のワインの残量）× 0.8（リットル）

となります。
(3) 第 3 回目での残量は

（第 2 回目の操作後のワインの残量）× 0.8（リットル）

となります。

この分析から，算数の解答は次のようになります。

▶ 算数の方法

1 回目の操作後（1 リットルを汲み出し，1 リットルの水を注ぐ）のワインの残量

$$5 \times 0.8 = 4$$

第 2 回目の操作後のワインの残量は

$$(5 \times 0.8) \times 0.8 = 4 \times 0.8 = 3.2$$

第 3 回目の操作後のワインの残量は

$$(5 \times 0.8 \times 0.8) \times 0.8 = 3.2 \times 0.8 = 2.56$$

第 4 回目の操作後のワインの残量は

$$(5 \times 0.8 \times 0.8 \times 0.8) \times 0.8 = 2.56 \times 0.8 = 2.048$$

第 5 回目の操作後のワインの残量は

$$(5 \times 0.8 \times 0.8 \times 0.8 \times 0.8) \times 0.8 = 2.048 \times 0.8 = 1.6384$$

これより残量は　1.6384 リットル。　　　　　　　　… 答

次に，代数の方法で解いてみましょう。

▶ 代数の方法

第 1 回目にワイン 1 リットルを汲み出して，水 1 リットルを入れたとき，その全体に含まれるワインの残量を x_1 とす

ると

$$x_1 = 5 - 5 \times \frac{1}{5} = 4 \ (\text{リットル})$$

である。よって,

第 2 回目の操作で残るワインの残量 x_2 は

$$x_2 = 4 - 4 \times \frac{1}{5} = \frac{4^2}{5} \ (\text{リットル})$$

第 3 回目の操作で残るワインの残量 x_3 は

$$x_3 = \frac{4^2}{5} - \frac{4^2}{5} \times \frac{1}{5} = \frac{4^3}{5^2} \ (\text{リットル})$$

同様にして,規則性に注目すると,

第 5 回目の操作で残るワインの残量 x_5 は

$$\begin{aligned}
x_5 &= \frac{4^4}{5^3} - \frac{4^4}{5^3} \times \frac{1}{5} = \frac{4^5}{5^4} \\
&= 5 \times \frac{4^5}{5^5} = 5 \times \left(\frac{4}{5}\right)^5 = 5 \times (0.8)^5 \\
&= 5 \times 0.32768 = 1.6384 \ (\text{リットル}) \quad \cdots \ \boxed{答}
\end{aligned}$$

この代数の方法では,第 1 回目のワインの残量が 4 リットルで,第 2 回目のワインの残量が

$$4 - 4 \times \frac{1}{5} = \frac{4^2}{5}$$

となり,ここまでの計算では,残量についての規則性が見つかりません(実は,第 1 回目の 4 リットルを

$$4 \times 1 = 4 \times \frac{1}{5^0} = \frac{4}{5^0}$$

とみれば、5という数字が隠れていることがわかるのですが……)。

> (注) 数学では $5^0 = 1$ と約束〈定義〉しているのです。

そこで、第3回目の操作

$$\frac{4^2}{5} - \frac{4^2}{5} \times \frac{1}{5} = \frac{4^3}{5^2}$$

を行うことによってワインの残量の規則性が見えたのです。

ところが、1回目の操作後のワインの量を、

$$5 \times \left(1 - \frac{1}{5}\right)$$

と整理しない形のままにして、2回目の操作後のワインの量を考えると

$$5 \times \left(1 - \frac{1}{5}\right) - 5 \times \left(1 - \frac{1}{5}\right) \times \frac{1}{5}$$
$$= 5 \times \left(1 - \frac{1}{5}\right) \times \left(1 - \frac{1}{5}\right)$$

と表せます。つまりこの操作では、何かを

$$\left(1 - \frac{1}{5}\right) \text{倍} \quad (\leftarrow そのままの形を保存して)$$

することは、何か5リットルのものから1リットル汲み出し、代わりに水を1リットル入れた後に残る何かの量を表している、と考えられます。

そこで、137ページで説明した「5を6回掛けたときの表し方 5^6」という表し方を真似すると、1回目の操作後、

2回目の操作後は
$$5 \times \left(1 - \frac{1}{5}\right)^1, \quad 5 \times \left(1 - \frac{1}{5}\right)^2$$
と表すことができ，規則性は容易に発見できるため，5回目の操作後のワインの量は $5 \times \left(1 - \frac{1}{5}\right)^5$ と表すことができるのです。規則性が見えにくいのは，$\left(1 - \frac{1}{5}\right)$ を短絡的に計算して $\frac{4}{5}$ としてしまったことから起きた結果です。
計算（式の変形）は，先の様子をイメージしながら，何か目的を持って行うべきなのです。

挑戦問題 18 　割合の問題 (2)

　水が 4 kg 入っている容器がある。この中から 1 kg を汲み出して代わりに酒を 1 kg 入れる。さらにこの中から 1 kg を汲み出して酒を 1 kg 入れる。このような操作を 5 回繰り返したとき，容器の中に残る酒の量はどれくらいか。

　「類似問題を連想する」となれば，例題 21 です。この連想により，ワインと水の関係を逆にして考えればよいことがわかります。
　以下では算数の方法による解答を書いておきます。

第3章　解答に向かって目標を立てる

◉ 算数の方法

第5回目の操作後に残る水の量について調べる。

第1回目の操作後に残る水の量は

$$4 \times \left(1 - \frac{1}{4}\right) = 4 \times \frac{3}{4} = 3 \text{ (kg)}$$

第2回目の操作後に残る水の量は

$$4 \times \left(1 - \frac{1}{4}\right) \times \left(1 - \frac{1}{4}\right) = 3 \times 0.75 = 2.25 \text{ (kg)}$$

第3回目の操作後に残る水の量は

$$4 \times \left(1 - \frac{1}{4}\right) \times \left(1 - \frac{1}{4}\right) \times \left(1 - \frac{1}{4}\right)$$
$$= 2.25 \times 0.75 = 1.6875 \text{ (kg)}$$

第4回目の操作後に残る水の量は

$$4 \times \left(1 - \frac{1}{4}\right) \times \left(1 - \frac{1}{4}\right) \times \left(1 - \frac{1}{4}\right) \times \left(1 - \frac{1}{4}\right)$$
$$= 1.6875 \times 0.75 = 1.265625 \text{ (kg)}$$

第5回目の操作後に残る水の量は

$$4 \times \left(1 - \frac{1}{4}\right) \times \left(1 - \frac{1}{4}\right) \times \left(1 - \frac{1}{4}\right) \times \left(1 - \frac{1}{4}\right) \times \left(1 - \frac{1}{4}\right)$$
$$= 1.265625 \times 0.75 ≒ 0.9492 ≒ 0.95 \text{ (kg)}$$

よって，求める酒の量は，総重量から水を引いた残りであるから

$$4 - 0.95 = 3.05 \text{ (kg)}$$

したがって，約 3.05 kg　　　　　　　　　　　　　　　… 答

「具体化して様子を見る」には，次のような**水道算**があります。

例題 22　水道算（1）

A管を用いて水を入れれば 6 時間で満水になるプールがある。また，満水になったこのプールの水を排出するには，B管を用いると 14 時間かかるという。

いまこの 2 管を同時に用いて A より水を給水し，B より排水するとき，プールを満水にするには何時間かかるか。

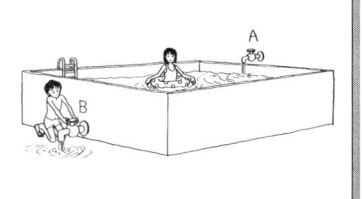

絵のように，一方の管で水を入れ，他方で水を出すという問題は「水道算」と呼ばれています。

さて，問題を整理すると次のようになります。
(1) プールを満水にするには A 管では 6 時間かかる。
(2) その水を排水するには B 管では 14 時間かかる。
(3) A, B 2 管を同時に開き，給水，排水しながらプールに水を注ぐ。
(4) プールを満水にするには何時間かかるか。

これが本文の要点です。手をつけるとすれば，(1), (2) の給水と排水の時間が異なっているところでしょう。

(2) において，もし排水も 6 時間で行えるとすると，いつまで経ってもプールに水を溜めることができません。したがって，プールに水が溜まるには，排水量より給水量の方が多くなければなりません。

この流水量を比較するには，**単位時間あたりの量，ここでは 1 時間あたりの水量**を数値で表すことができれば，1 時間あたりの増水量が計算でき，プールを満水にする時間

もわかります。(1), (2) から
プールの容量を 1 とすれば,
単位時間あたりの給水量, 排
水量は分数で表現できること
がわかります。

給水量, 排水量は次のよう
に表せます。

1時間あたりの給水量は, A管によって $\dfrac{1}{6}$

1時間あたりの排水量は, B管によって $\dfrac{1}{14}$

したがって, 1時間あたりに溜まる水量は

$$\dfrac{1}{6} - \dfrac{1}{14}$$

となります。

それでは算数の方法をまとめてみましょう。

算数の方法

プールが満水になるのに必要な時間は

$$1 \div \left(\dfrac{1}{6} - \dfrac{1}{14}\right) = 1 \div \dfrac{2}{21} = 1 \times \dfrac{21}{2}$$

$$= 10\dfrac{1}{2} \ (時間)$$

$$= 10\,時間\,30\,分 \quad \cdots 答$$

上の解答は, みごとなほどすっきりしていますね。では,
代数的な解法を考えてみましょう。

基本はこれまで通りいかにうまく文字を使うかです。

まず,プールが満水になるときの水量を V とおきます。次に,A 管が 1 時間に給入できる水量を a,B 管が 1 時間に排水できる水量を b とおきます。

このとき,題意の条件を式で表すことを考えると,
A 管では 6 時間で満水になるので,
$$6a = V \qquad \cdots ①$$
B 管では 14 時間で排水が終わるので
$$14b = V \qquad \cdots ②$$
と表すことができます。よって,①,②より V を消去すると
$$6a = 14b$$
すなわち
$$b = \frac{6}{14}a = \frac{3}{7}a \qquad \cdots ③$$

次に,プールに A 管,B 管を同時に開き,給水,排水を同時に行って t 時間でプールが満水になったとする。この t 時間で給水した水量は at,排水した水量は bt であるから,給水量より
$$at - bt = V \qquad \cdots ④$$
よって,①と④より,
$$t = \frac{V}{a-b} = \frac{6a}{a-b}$$
③を代入して

第 3 章　解答に向かって目標を立てる

$$t = \frac{6a}{a - \frac{3}{7}a} = \frac{6}{1 - \frac{3}{7}} = 6 \times \frac{7}{4}$$

$$= \frac{42}{4} = 10 \text{ 時間 } 30 \text{ 分}$$

となります。これを少し簡潔にまとめて表現してみましょう。そのためには，第 4 章で学ぶ遂行力が必要になります。

● 代数の方法

A 管および B 管が 1 時間に給入および排水できる水量をそれぞれ，a, b とする。

A 管で 6 時間かかって給水した水量 $6a$ がプール全体の水量であり，これを B 管では 14 時間で排水するから，

$$6a = 14b$$

すなわち　　　　　　　　$3a = 7b$　　　…①

が成り立つ。

また，A 管と B 管が 1 時間に注水および排水を同時に行いながら t 時間でプールが満水になったとすると，等式

$$(a - b)t = 6a \quad \cdots ②$$

が成り立つ。

①，②から t の値を求める。

②より，　　　$t = \dfrac{6a}{a - b} = \dfrac{6}{1 - \dfrac{b}{a}}$ 　…③

①を変形して $\dfrac{b}{a} = \dfrac{3}{7}$ として③に代入すると

$$t = \frac{6}{1 - \frac{3}{7}} = \frac{42}{4} = 10 \text{ 時間 } 30 \text{ 分} \quad \cdots \text{答}$$

この代数的な解法に比べ，算数の解法のなんと切れ味のよいことでしょう。でも，この代数の方法も中学数学を習熟するために，一度はクリアーしなければならない壁なのです。

では，次の問題に挑戦してみてください。

挑戦問題 19　水道算 (2)

水槽がある。この水槽はA管を用いれば4時間，B管を用いれば6時間で満水にできる。また，C管を用いれば5時間で排水することができる。

いま，これらの3つの管を同時に開き，1時間半後B管を閉じなければならない。この水槽を満水にするには最初から何時間が必要か。

算数の方法で解いてみましょう。代数の方法は例題22の解答を参考にして各自作ってください。

▶ 算数の方法

A管，B管は毎時それぞれ $\frac{1}{4}$，$\frac{1}{6}$ を給水し，C管は $\frac{1}{5}$ を排水するので，1時間あたりの増水量は

$$\frac{1}{4}+\frac{1}{6}-\frac{1}{5}$$

したがってA，B，Cの3つの管を同時に1時間半開けば，

給水量は

$$\left(\frac{1}{4}+\frac{1}{6}-\frac{1}{5}\right)\times 1\frac{1}{2}=\frac{13}{40}$$

1時間半後からは，Aで給水しCで排水するから，このとき1時間あたりの増水量は

$$\frac{1}{4}-\frac{1}{5}$$

増水しなければならない量は

$$1-\frac{13}{40}=\frac{27}{40}$$

であるから，これに費やされる時間は

$$\frac{27}{40}\div\left(\frac{1}{4}-\frac{1}{5}\right)=\frac{27}{40}\times 20=\frac{27}{2}=13\frac{1}{2}\ (時間)$$

したがって，求める最初からの所要時間は

$$1\frac{1}{2}+13\frac{1}{2}=15\ (時間) \quad\cdots \text{答}$$

本問は，次のように図示するとわかりやすいでしょう。

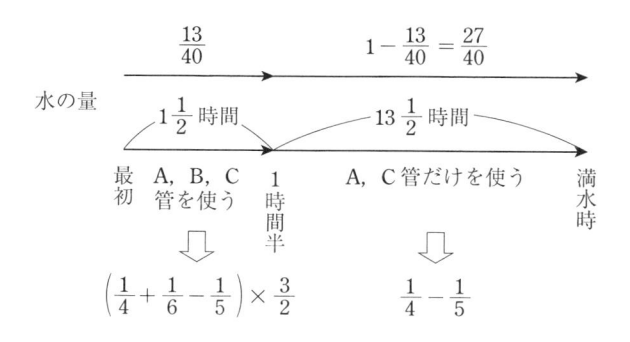

水の量

$\dfrac{13}{40}$　　　$1-\dfrac{13}{40}=\dfrac{27}{40}$

$1\dfrac{1}{2}$ 時間　　　$13\dfrac{1}{2}$ 時間

最初　　A, B, C管を使う　　1時間半　　A, C管だけを使う　　満水時

$$\left(\frac{1}{4}+\frac{1}{6}-\frac{1}{5}\right)\times\frac{3}{2}$$
　　　　　　　　　　　$$\frac{1}{4}-\frac{1}{5}$$

コラム 算数が嫌いだった文豪菊池寛

一昨年，テレビで，『真珠夫人』のドラマが放映されていましたが，大変な人気で，午後のひと時を賑わしていたようです。このドラマの原作者が菊池寛です。菊池寛は，大正時代から昭和初期にかけて活躍した文豪で，『忠直卿行状記』『恩讐の彼方に』『蘭学事始』などの多くの小説や，『父帰る』『玄宗の心』など多くの戯曲が人気を呼びました。菊池寛は，後年文藝春秋を創立し，芥川賞や直木賞を創設した企業家でもありましたが，旧制一高に入学し，中途退学して三高に入り直し，苦学して京大を出るなど，波乱に満ちた学生時代を送った人物です。

その菊池寛が，旧制中学校時代に学んだ算数・数学について，晩年こんなことを書いております。

「私は一生を振り返ってみて，中学校で教わった学科の中，数学は一度も役に立ったことはない。道を歩くとき，三角形の二辺の和は一辺より大であるという定理が少し役に立った程度である」

しかし，世の中に，意味の無い学問や役に立たない勉強などはひとつもない，と私は思うのです。

算数や数学は，全く役に立たないように見えても，実は，数学を学んだ人たちにとって，大変役立っているのです。それは，数学を学ばなかった人と比べればはっきりわかります。数学を通して学ぶ論理性や明晰性，分析力や展望する力など数学を通してはじめて修得できる力が知らず知らず身についているからです。本人がこの点をはっきり自覚できない数学の教え方と学び方にわが国の現行の数学教育の悲劇があるのでしょう。

コラム 代数が好きだった湯川秀樹

わが国最初のノーベル賞（物理学賞）を与えられた湯川秀樹博士が，「旅人」という随筆の中で，次のように述べています。

「代数も好きであった。小学校の算術（算数のこと）に，ツルカメ算などというのがある。まるで手品のような巧妙な工夫をしないと，答えが出ない問題だ。それが代数では，答えを未知数エックスと書くことによって，苦もなく解ける。論理のすじ道を真直ぐにたどって行けばよい」

上の文章からわかるように，湯川博士は，代数を通して，知らず知らず，問題の解決には「論理の筋道をまっすぐたどって行けばよい」ことを学んだのでした。

実は，このことが，数学を学ぶ大事な理由の一つなのです。

湯川博士の文章で，大切なのは，「代数も好きだった」ということです。「好き」だからこそ，問題も論理の筋道をたどって，苦もなく解けるように，上達していったのだと思います。

では，「好き」になるには，どうすればよいのでしょうか。

それは，いま，学んでいることが，よくわかり，それがどんな意味を持つのか，どんな役に立つのか，が理解でき，さらに関心を深めることができるようになることだと思います。

数学は，日常生活では全く役に立たないように思えます。でも本書で述べている４つの視点，12の力こそ，目には見えない力ですが，読解・分析力や翻訳力などのように日常生活における問題解決力として，大いに役立っているのです。

第4章

解答にまとめる

―― 遂行力 ――

「遂行力」というのは，正しい方針の下で，正しく計算し答を導き出す力のことです。
　算数や数学では，正しく計算することは不可欠のことです。
　どんなに優れた読解力があり，適切な翻訳能力を発揮し，巧みな論理的展望を持っていたとしても，「正確な遂行力と正しい計算力」に欠けていては正しい結論に到達することはできません。

　ここで，遂行力とか計算力というのは，目標に沿って計算や式変形を遂行していく力のことで，解答などを実際に作成する場合の基本となる力と言えるものです。
　これらの「正確な遂行力や正しい計算力」を構成するものとして，次の3つの力があります。
①手法を選択できる力
②目標に向かって具体的に展開できる力
③設問を活用していく力

第 4 章 解答にまとめる

遂行力　　1．手法を選択できる力

　第 2 章の例題 10（79 ページ）や挑戦問題 7（84 ページ）では，解答をまとめるのに表を使って答を導きました。しかし，これらに答を出すときには推論に推論を重ねるなど，その方法は一つではありません。

　読解・分析し，内容を理解し，目標を立てた後に，
「どのような方法〈手法〉で解答するか」
を選択できる力がなければなりません（と言っても算数では使える道具が少ないため，解法を選択できる余地は少ないと言わざるを得ませんが……）。

　この「手法を選択できる力」を発揮できるのは，使える道具が豊富になる中学・高校数学を待たなければなりません。すなわち，大局的視点であり，解答の方針や解法を定める力です。

　このことを次の問題を通して確認してみましょう。

例題 23　旅人算 (5)

　ある旅行者がいて，行程の $\frac{3}{4}$ は船に，残りの $\frac{1}{3}$ は列車に乗り，またその残りの $\frac{4}{5}$ はタクシーに乗り，その余りの 10 km を歩いて旅行を終了した。行程はどれほどの道のりか。

本問も 48 ページで紹介した「旅人算」の一つです。まず，考え方の方針を立てるために，題意の分析をしてみましょう。問題文を読んで内容の小手調べをします。まず，

(1)　船……全行程の $\dfrac{3}{4}$

(2)　列車……(1) の残りの $\dfrac{1}{3}$

(3)　タクシー……(2) の残りの $\dfrac{4}{5}$

(4)　徒歩……(3) の残りが 10 km

となりますが，この内容を下の図のように表してみると，その内容はより明確になり，解答の方針が立ちやすくなります。

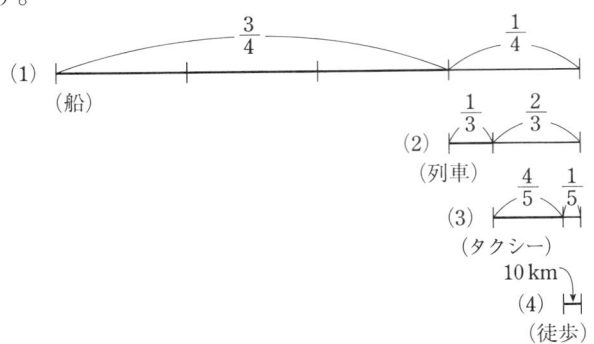

　つまり，**図を用いて事柄をはっきりさせる**ことが，解法の手段 (手法) を選択する指針を与えることになり，この図を通して**解法の方針に見通しを与える**ことにもなるのです。
　さて，具体的に与えられた情報 (条件) は
「最後に歩いた距離 10 km」

第 4 章　解答にまとめる

ということだけです。これ以外の情報はすべて分数で与えられています。そこで、考えてみたいことは、この具体的に与えられた数値 10 km を分数で表せないか。すなわち、この 10 km が全行程の何割になるかと、目標を定めることがキー・ポイントであることがわかってきます。

（歩いた 10 km は全行程のどれだけか？）

そこで、前ページの図の (3)，(4) から、

徒歩 10 km は、タクシーに乗った距離の残りの $\dfrac{1}{5}$

である。

すなわち、(3) の $\dfrac{1}{5}$ が 10 km に相当する。

したがって、タクシーに乗った距離 $\dfrac{4}{5}$ は、10 km の 4 倍の 40 km である。よって、図の (3) に該当する距離は
$$40 + 10 = 50 \, \text{km}$$
である。

次に、同図の (2) を見てみましょう。図の (3) に該当する距離は 50 km であり、これは図の (2) の列車に乗った $\dfrac{1}{3}$ の残りの $\dfrac{2}{3}$ に相当する距離です。

順次、上と同様に考えることができます。この視点から算数の解答をまとめてみましょう。

◐ 算数の方法1

$$10 \text{ km} \div \left(1 - \frac{4}{5}\right) = 10 \text{ km} \times 5 = 50 \text{ km}$$

$$50 \text{ km} \div \left(1 - \frac{1}{3}\right) = 50 \text{ km} \times \frac{3}{2} = 75 \text{ km}$$

$$75 \text{ km} \div \left(1 - \frac{3}{4}\right) = 75 \text{ km} \times 4 = 300 \text{ km} \quad \cdots \text{ 答}$$

この問題を別の視点から考えてみましょう。

条件は「ほとんど分数で表されている」という特徴に注目したとき，全行程を1とし，最後の徒歩の距離 10 km が全行程の何分のいくらにあたるかを考えてもよいのではないでしょうか。

解答は次のようになります。

◐ 算数の方法2

全行程を1とみなす。このとき

船に乗った割合は $\dfrac{3}{4}$

列車に乗った割合は $\left(1 - \dfrac{3}{4}\right) \times \dfrac{1}{3} = \dfrac{1}{12}$

タクシーに乗った割合は $\left\{1 - \left(\dfrac{3}{4} + \dfrac{1}{12}\right)\right\} \times \dfrac{4}{5} = \dfrac{2}{15}$

徒歩の割合は $1 - \left(\dfrac{3}{4} + \dfrac{1}{12} + \dfrac{2}{15}\right) = \dfrac{1}{30}$

したがって，全行程の $\dfrac{1}{30}$ が 10 km に相当するから，求める全行程は，

第 4 章　解答にまとめる

$$10 \text{ km} \div \frac{1}{30} = 10 \times 30 = 300 \text{ km} \quad \cdots 答$$

　もう一度 2 つの解法の特徴を確認しておきましょう。
　まず〈算数の方法 1〉です。この特徴を整理すると，
（ア）内容を図示する
　　　↓
（イ）徒歩の 10 km が $\frac{1}{5}$ にあたるとき，その $\frac{4}{5}$ は何 km になるか
　　　↓
（ウ）図の（2）を求める
　　　↓
（エ）図の（1）を求める

と，具体的な数値 10 km をもとに，逆進して全行程を求める方法でした。これは，例題 2 の還元算を連想して考えています。
　これに対して，〈方法 2〉の特徴は，
（ア）全行程を 1 とみなし
　　　↓
（イ）船の全行程 1 に対する割合
　　　↓
（ウ）列車の全行程 1 に対する割合
　　　↓
（エ）タクシーの全行程 1 に対する割合
　　　↓
（オ）10 km の全行程 1 に対する割合

と，それぞれを全行程 1 に対する割合で表していって，最後に徒歩 10 km が全体の何分のいくつになるかを分数で表すことによって，全行程の距離を求める，という展開でした。

以上のような 2 つの解のどちらを選ぶかは，読者の皆さんの考え方と好みによりますが，これこそが**手法（解き方）の選択**と言えるのです。これらの，視点の異なる 2 つの方法の特徴と長所をとらえて，自分に適（か）った解法を選択できる力が大切なのです。

そのためには，題意を大局的に把握する心構えが必要になってきます。

さて，次に，代数の方法で解いてみましょう。

代数の方法で大切なことは「何を文字で表すか」ということです。

当然，求めるものは全行程の道のりですから，これを単純に x km とおく，としてもよいわけです。そのとき，それぞれの行程は次のように表せます。

図の (1) の船の行程は，全行程の $\frac{3}{4}$ ですから

$$\frac{3}{4} x \ （\text{km}）$$

図の (2) の列車の行程は，(1) の残りの $\frac{1}{3}$ ですから

$$\left(x - \frac{3}{4} x\right) \times \frac{1}{3} \ （\text{km}）$$

図 (3) のタクシーの行程は，(2) の残りの $\frac{4}{5}$ ですから

$$\left(x - \frac{3}{4} x\right) \times \left(1 - \frac{1}{3}\right) \times \frac{4}{5} \ （\text{km}）$$

第 4 章　解答にまとめる

図 (4) の徒歩 10 km は，(3) の残りであるから

$$\left(x - \frac{3}{4}x\right) \times \left(1 - \frac{1}{3}\right) \times \left(1 - \frac{4}{5}\right) \text{ (km)}$$

以上から，等式

$$\left(x - \frac{3}{4}x\right) \times \left(1 - \frac{1}{3}\right) \times \left(1 - \frac{4}{5}\right) = 10 \text{ (km)}$$

が成り立ち，これを解くことで解が得られます。

　これを解答にまとめてみます。

▶代数の方法

　求める全行程を x km とおく。題意より，列車に乗った距離は，船を降りた後の距離 $\frac{1}{4}x$ (km) のうちの $\frac{1}{3}$ である。

　よって，この距離は

$$\frac{1}{4}x \times \frac{1}{3} \text{ (km)}$$

　そして，タクシーは，この残りの $\frac{4}{5}$ であるから，

$$\frac{1}{4}x \times \frac{2}{3} \times \frac{4}{5} \text{ (km)}$$

だけ乗ったのである。この残りの距離が徒歩の 10 km であるから

$$\frac{1}{4}x \times \frac{2}{3} \times \left(1 - \frac{4}{5}\right) = 10 \text{ (km)}$$

これを解いて，

$$x = 300 \text{ (km)}$$

を得る。

　よって，全行程は 300 km である。　　　… 答

この解法は,〈算数の方法2〉に対応しますね。

そして,〈算数の方法1〉に当たる解法は,次の比例の考え方を用いた解法です。

もう一度図を示しておきましょう。このとき,文字 x, y, z を図のようにおきます。

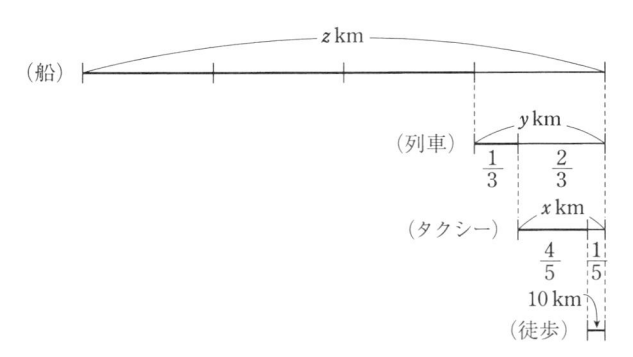

この図から,徒歩の10 km がタクシーの $\frac{1}{5}$ に当たるので,

$$10 : \frac{1}{5} = x : 1 \text{ より,} \quad x = 50 \text{ km}$$

次に, $50 : \frac{2}{3} = y : 1$ より, $y = 75$ km

最後に, $75 : \frac{1}{4} = z : 1$ より, $z = 300$ km

が得られる。

第 4 章 解答にまとめる

次の挑戦問題の解答は各自作ってください。

挑戦問題 20 分数の読み換えの問題

妹は兄より 3 つ年下で，兄の $\frac{5}{6}$ であるという。2 人の年齢を求めよ。

〈答〉兄：18 歳　妹：15 歳

| 遂行力 | 2．目標に向かって具体的に展開できる力 |

算数・数学＝計算力，という図式から，ややもすると，算数・数学の出来不出来は「計算力」という言葉で片付けて指導している場合が数多く見受けられます。

今まで，本書で取り上げた4つの視点によって手法が定まり，論理的な展望の下で解答を作り上げていくとき，確たる自信が自然に湧いてくるのです。ですから，計算力だけをクローズアップした算数・数学の指導は何ら根拠のないものと言わざるを得ないのです。計算力は遂行力のほんの一面をとらえているに過ぎないのです。

この「目標に向かって具体的に展開できる力」こそ，重要になってくるのです。このことから，算数の問題や数学の問題を解く場合でも，計算メモ程度の解答で終わらせることなく，一つの文章として読める解答を作っていくことを常に心がけていかなければならないのです。

例題24　時計算（1）

時計の短針と長針が3時と4時の間に重なる時刻を求めよ。

表題ではこの問題を「時計算」としましたが，大きく分ければこの問題も「長針が短針を追いかける」という構造から，「旅人算」のうちの「追いつき算」と呼ぶことがあります。

第 4 章　解答にまとめる

　本問で要求していることは，3 時と 4 時の間に両針が重なる時刻です。

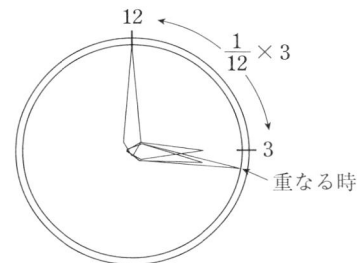

$\frac{1}{12} \times 3$
重なる時

　本問では，題材が「時計」であることから，時計の短針，長針の進み方が隠された条件であり，これを読みこなさなければなりません。
　例題 5 などで扱った旅人算では，それぞれの速さが与えられていましたが，この時計算では，それぞれの速さは，表面上与えられておりません。
　そこで，時計という題材の特殊性に注目して，長針，短針の動きから，速さを表現できないかを考えていくことがポイントになります（←類似問題の連想）。

　さて，時計の針の動きを確認してみましょう。
　腕時計や置時計などで，実際に 3 時から針を動かしていって，長針と短針が重なっていく様子を見るのもよいでしょう。
　長針を動かすとそれに連れて短針も少し動きます。しかし，長針の動きの方が大きいので，短針との差は少しずつ縮まってきます。この縮まる速さがわかれば，問題は解決します。

さて，3時から4時の間に，

長針は1周し，短針は$\frac{1}{12}$周（←これがそれぞれの速さ）する。はじめの状態（3時）のとき，短針と長針の間には$\frac{3}{12}$の開きがある。

したがって，この問題は次のように書き換えられる。

> Aの速さは1，Bの速さは$\frac{1}{12}$である2人が，$\frac{3}{12}$離れた2地点にいる。A，Bが同時に出発し，同じ方向に動き出すとき，AがBに追いつくまでにかかる時間はいくらか。

算数の方法の解答は，次のようになります。

◪ 算数の方法1

針が1周する距離を1とすると，3時のとき，長針と短針の距離は$\frac{3}{12}$である。このとき，長針の速さは1，短針の速さは$\frac{1}{12}$と表せるから，長針が$\frac{3}{12}$の距離を追いつくのにかかる時間は

$$\frac{3}{12} \div \left(1 - \frac{1}{12}\right) = \frac{3}{12} \times \frac{12}{11} = \frac{3}{11}(\text{時}) = 16\frac{4}{11}(\text{分})$$

である。よって，求める両針の重なる時刻は

$$3\text{時} + 16\frac{4}{11}\text{分} = 3\text{時}16\frac{4}{11}\text{分} \qquad \cdots \text{答}$$

第 4 章　解答にまとめる

　別な見方もできます。それは時計の文字盤に角度の視点を持つことです。

　時計の文字盤の 1 周は 360°ですから，それを 60 分で分割すると，時計の長針は 1 分間に 6°進み，短針は 6°の $\dfrac{1}{12}$ ですから，0.5°進むことになります。このことから，ある時刻における両針の作る角度を求めたり，長針と短針が重なったり，垂直になったりする時刻を求めることができます。

　これも算数の方法の一つです。

算数の方法 2

　3 時のときの両針の角度の差は 90°

　長針は 1 分間に

$$6° - 0.5° = 5.5°$$

ずつ短針に追いつく（これは旅人算の追いつく場合と同じ考え方）ので，追いつくまでにかかる時間は

$$90 \div (6 - 0.5) = \dfrac{90}{5.5} = 16\dfrac{4}{11} \text{（分）}$$

となる。

　よって，長針が短針に重なる時刻は

$$3 \text{ 時} + 16\dfrac{4}{11} \text{ 分} = 3 \text{ 時} 16\dfrac{4}{11} \text{ 分} \quad \cdots \text{答}$$

　次に，本問を代数的な方法で解いてみましょう。
　解法は，算数の方法 2 で述べた角度の考えを利用します。この考え方は，まず重なる時刻を，3 時 x 分と定めて，

その x 分の間に，長針と短針がどれだけ動いたか，を考えればよいのです。

長針は 1 分間に 6°動き，短針は 1 分間に 0.5°動くから，x 分間では

　　　　長針は $(6x)°$，短針は $(0.5x)°$

動く。

したがって，両針の進む様子を図示すると，短針の $(0.5x)°$ に，出発時（3 時）のときの両針の作る角 90°を加えると，長針に重なることがわかります。

すなわち，

$$(6x)° = (0.5x)° + 90°$$

これより

$$6x - 0.5x = 90$$

ならば，長針と短針が重なります。
よって，$5.5x = 90$ より

$$x = \frac{90}{5.5} = 16\frac{4}{11}$$

が得られます。

これを解答にまとめてみます。

▶ 代数の方法

重なる時刻を 3 時 x 分とする。長針の 1 分間に進む角度は 6°，短針は 0.5°であるから，x 分ではそれぞれ $(6x)°$ と $(0.5x)°$ 進むことになる。したがって，これらの差

$$(6x)° - (0.5x)°$$

が 90°になれば，両針は重なることになる。

すなわち，$6x - 0.5x = 90$ であるから，

$$5.5x = 90$$

よって，求める x は，

$$x = \frac{90}{5.5} = 16\frac{4}{11}$$

ゆえに，求める時刻は 3 時 $16\frac{4}{11}$ 分となる。　…答

このように，時計の図を併用し，視覚化することによって，角度の利用の仕方が明瞭になり，目標に向かって具体的に思考が展開できますね。それも，考え方がきわめて単純化されるからでしょう。この角度に注目する考え方は，次の挑戦問題にも，その威力を発揮します。

挑戦問題21　時計算（2）

現在の時刻は4時である。
（1）4時10分のとき，時計の両針がつくる，小さい方の角度は何度か。
（2）4時と5時の間で，時計の長針と短針が重なる時刻を求めよ。

◎ 算数の方法

問題になる角度を具体的に書き出します。
（1）4時と5時の間の角度は
$$360° \div 12 = 30°$$
12時と4時の間の角度は
$$30° \times 4 = 120°$$

長針が1分間に進む角の大きさは6°
短針が1分間に進む角の大きさは0.5°
　以上より，
長針が10分間に進む角度は
$$6° \times 10 = 60°$$
短針が10分間に進む角度は
$$0.5° \times 10 = 5°$$
であるから，求める角度は
$$120° + 5° - 60° = 65°$$ … 答

(2) 4時のときの両針の角度の差は120°で，長針は1分間に
$$6° - 0.5° = 5.5°$$
ずつ追いつく。よって，
$$120° \div 5.5° = 21\frac{9}{11} \ (分)$$
で追いつくから，重なる時刻は
$$4時\ 21\frac{9}{11}\ (分)$$ … 答

第 4 章　解答にまとめる

| 遂行力 | 3．設問を活用していく力 |

　問題を解くとき，この③の視点も必要です。これは
問題全体の流れを見極める力
があってはじめて可能なのです。問題を，ある場合は大局的にとらえ，ある場合は局所的に押さえて，遂行力（計算力といってもよい）を発揮することが大切ですが，それらは個々の設問の意味を考えてこそ効果的なのです。

　では，具体的に問題を通して，上に述べたことを学びましょう。
　次の問題は，イギリスの天才数学者ニュートンが創った算数の問題で，「**ニュートンの牧草算**」としても有名です。
　わが国では，いろいろ形を変えて多くの大学の入試問題（挑戦問題は大学の入試問題です）として出題されています。

例題 25　牧草算（1）

　ある牧場において，牧草は一様に成長するものとする。いま馬 27 頭を飼えば 6 週間で食べつくし，23 頭を飼えば 9 週間で食べつくすという。このとき，21 頭を飼うとすると何週間で食べつくすか。

本問のキー・ポイントは，牧場の牧草が毎日一様に伸びていくという前提条件にあります。

　馬の頭数が少ないならば，草を食べつくす日数は長くなり，したがって草の成長を促し，牧草の量も多くなります。

　すなわち，馬の頭数の多少は，飼育日数と同時に草の成長量にも影響を与えるわけです。この視点を持つことが本問の大切な要素です。そこで，題意の分析をすると

(a) 牧草は毎日成長する。
(b) 馬27頭ならば6週間飼育できる。
(c) 馬23頭ならば9週間飼育できる。
(d) 馬21頭ならば何週間飼育できるか。

となります。

　そこで，1週間を単位として題意の翻訳をしてみると

(1) (b)および(c)は牧場の最初の草よりも，それぞれ6週間分と9週間分の牧草が成長した量を含んだ飼育日数である。

(2) 27頭6週間の牧草の量は（成長分も含む），馬1頭の1週分の量を1とすれば，
　　　$27 \times 6 = 162 \cdots \{(元の草) + (6週間成長分)\}$

(3) 23頭9週間の牧草の全量は
　　　$23 \times 9 = 207 \cdots \{(元の草) + (9週間成長分)\}$

(4) (2)と(3)の全量の差は，

第 4 章　解答にまとめる

　　9 週－ 6 週＝ 3 週間分の牧草の成長分の全量
である。

$$
\begin{array}{r}
\text{草の成長分} \\
(\text{元の草})＋(9\text{週間成長分})＝207 \\
\underline{(\text{元の草})＋(6\text{週間成長分})＝162} \\
(3\text{週間成長分})＝\ 45
\end{array}
$$

したがって，この牧場の 1 週間における成長分の量は
$$(207－162)÷3(\text{週})＝15$$
である。これは毎週成長する牧草の量を表す。

(5)　(4) より，毎週の牧草の成長量 15 を知ることができたので，(2) から
$$\{(\text{元の草})＋(6\text{週間成長分})\}＝162$$
より，
$$
\begin{aligned}
(\text{元の草}) &＝162－(6\text{週間成長分}) \\
&＝162－6×15＝72
\end{aligned}
$$

(6)　(d) において 21 頭の馬を飼育するのに必要な毎週の牧草の量は 21。

(7)　(6) は，毎週の牧草の成長量 15 よりも
$$21－15＝6$$
だけ多く必要であることを示す。

(8)　したがって，余分に必要な牧草の量 6（成長量よりも不足している量）は，元の牧草によって補充しなければならない。

　　すなわち，この補充を維持できる期間が，求める 21 頭を支える期間である。（←この発想ができることがポイント）

(9) (7) より,毎週成長する牧草のほかに,6 だけ不足するが,この不足分は (5) の (元の草) 72 で補充すればよい。

その補充分が食べつくされる週数
$$72 \div 6 = 12$$
が求めるものである。

上に述べたことを図示してみると,さらに理解が深まると思います。

上述の題意の翻訳は,(1) から (2),(2) から (3) へと順に自分が設問を先取りし,その結果を活用していく方法です。

本問において,設問は最後の1個のみですが,それに至るまでには,実はいくつかの設問が隠されていて,それに答えながら,その結果を活用するスイッチ・バック方式をとっています。

第 4 章　解答にまとめる

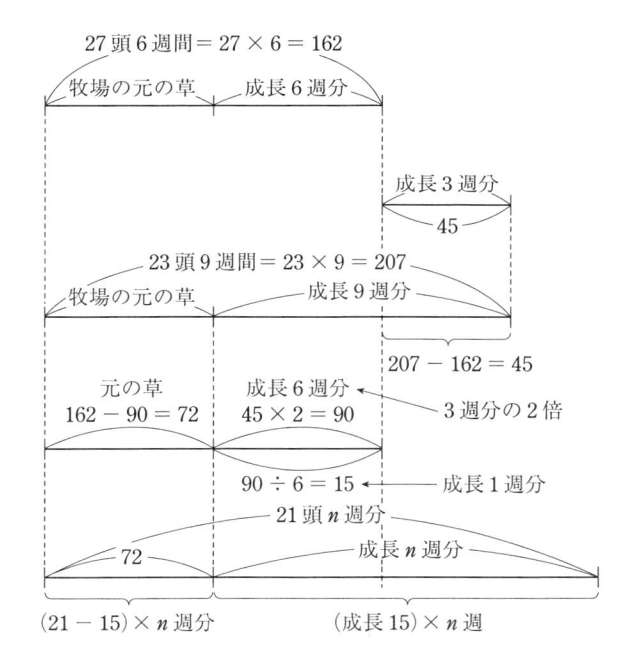

$$27 頭 6 週間 = 27 \times 6 = 162$$

```
┌─────牧場の元の草─────┬──成長 6 週分──┐
```

成長 3 週分
45

$$23 頭 9 週間 = 23 \times 9 = 207$$

```
┌──牧場の元の草──┬──────成長 9 週分──────┐
```

$207 - 162 = 45$

元の草　　　　成長 6 週分　　　　3 週分の 2 倍
$162 - 90 = 72$　$45 \times 2 = 90$

$90 \div 6 = 15$ ← 成長 1 週分

21 頭 n 週分
72　　成長 n 週分

$(21 - 15) \times n$ 週分　　(成長 15)$\times n$ 週

上に図示された (4 行目の情報) から

　元の草 $= 72 = (21 - 15) \times n$ 週分

　　　　$= 6 \times n$ 週分　（← (8) の考え方を式で表現）

がわかり，12（週）が得られます。

このことを，解答では次のように表現します。

◨ 算数の方法

　馬 1 頭 1 週間分の草の量を 1 と考えると，27 頭 6 週間分および 23 頭 9 週間分の差は，草の成長 3 週分の量であるから，草が毎週成長する量は

$$(23 \times 9 - 27 \times 6) \div (9 - 6) = (207 - 162) \div 3 = 15$$

である。

よって，牧場の元の牧草の量は

$$162 - 15 \times 6 = 72$$

である。

いま21頭を飼育するために必要な牧草の量は毎週21となるが，毎週の成長量15では不足してしまう。その不足量は

$$21 - 15 = 6$$

である。この不足量6は毎週元の牧草を食べて減らす量に相当する。

したがって，牧場の元の草の全量72を食べつくすのに必要な週数は

$$72 \div 6 = 12$$

すなわち 12週間。　　　　　　　　　　　　　　… 答

この算数の解法は大変難しいと思います。問題解決の糸口をつくったのは，「**馬1頭1週間分の草の量を1として，単位を作ることに成功した**」からなのです。

題意の条件も，1週間単位で与えられているので，この視点を持つことで，題意から次々と1週間に成長する牧草の量と牧場にある元の牧草の量が判明したのです。

「1週間」の視点を持つことは，代数の解法にとっても本質的であって，やはり条件のとらえ方は同じになるのです。

まず，牧場にある元の牧草の量を A

1週間に成長する牧草の量を B

第4章　解答にまとめる

　1週間に馬1頭が食べる牧草の量をC
とおくことができれば，これで題意をうまく表現すること
ができます。

　すなわち，
「馬27頭を飼えば6週間で食べつくす」
は，「馬27頭が1週間に食べる草の量は$27C$」ということ
であり，これが6週間ならば，その全量は$27C \times 6$で
ある。

　一方，牧草は，元の牧草の量Aに，6週間に成長する牧
草の量$6B$を加えたものが全量です。したがって，食べつ
くされる牧草の量は
$$27 \times C \times 6 = A + 6B \quad \cdots ①$$
と表現できます。

　同じく
「23頭を飼えば9週間で食べつくす」
ことから
$$23 \times C \times 9 = A + 9B \quad \cdots ②$$
が得られます。したがって，②から①を辺ごとに引くと
$$(207 - 162)C = (9 - 6)B$$
すなわち　　　　　　　　$B = 15C \quad \cdots ③$
が成り立ちます。この③のBは草が毎週成長する量です。
このBを①に代入すると
$$162C = A + 6 \times 15C$$
これより　　　　　　　　$A = 72C \quad \cdots ④$
が得られます。

　ここで，
「馬21頭を飼えば何週間で食べつくすか」

に対して，x 週間で食べつくすとすると，
$$21C \times x = A + B \times x$$
と表せ，③の B と④の A を上式に代入します。その結果
$$21C \times x = 72C + 15C \times x$$
となるので，C で両辺を割ると
$$21x = 72 + 15x$$
これより　$6x = 72$ となり　$x = 12$

よって，12 週間で牧草を食べつくすことがわかります。

以上が代数的な解法の骨子を詳しく解説したものですが，この方法は非常に技巧的で直截的です。そのせいか，解答は式変形が理解できる人にとっては，とてもすっきりしたものになっているはずです。

ここには，算数の方法に見られた読みの深さといったものが感じられませんが，代数の方法の特徴である普遍的で統一的な思想が感じられるでしょう。

解答を簡潔にまとめてみます。

▶ 代数の方法

牧場にある元の牧草の量を A

1 週間に成長する牧草の量を B

1 週間に馬 1 頭が食べる草の量を C

とおくと，題意から，次の 2 式
$$27 \times C \times 6 = A + 6 \times B \quad \cdots ①$$
$$23 \times C \times 9 = A + 9 \times B \quad \cdots ②$$
が成り立つ。

よって，②−①をつくると

第 4 章　解答にまとめる

$$B = 15C$$

①にこの B を代入すると

$$A = 72C$$

いま，21 頭が牧草を x 週間で食べつくすとすると

$$21 \times C \times x = A + x \times B$$

と表されるから，A, B を上式の右辺に代入すると

$$21 \times C \times x = 72C + 15 \times C \times x$$

となる。よって，$6x = 72$　より　$x = 12$

12 週間。　　　　　… 答

同じ方法で次の問題に挑戦してみましょう。

挑戦問題 22　牧草算（2）

湧き水であふれつつある井戸がある。ポンプ2台では10分，3台では6分で汲みつくされる。ポンプ5台では何分で汲みつくされるか。

（慶応大）

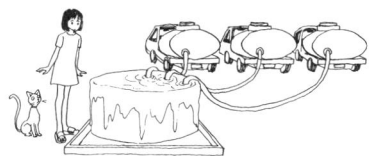

▶ 算数の方法

ポンプ1台1分間に汲みつくす水量を1とすれば，題意は

$2 \times 10 = 20$　←　{(井戸の容量) + (10分間の湧き水)}

$3 \times 6 = 18$　←　{(井戸の容量) + (6分間の湧き水)}

であるから，引き算をすると

2　←　(4分間の湧き水)

207

となるので，(1分間の湧き水) は $\frac{2}{4}=\frac{1}{2}$ である。

よって，井戸の容量は

$$20-(10分間の湧き水)=20-10\times\frac{1}{2}=15$$

である。よって，ポンプ5台では

$$15\div\left(5-\frac{1}{2}\right)=15\times\frac{2}{9}=\frac{10}{3}\ (分) \quad \cdots \text{答}$$

かかる。

挑戦問題23 牧草算（3）

湧き出しつつある石油坑がある。いまポンプを12台使用するときは4分，6台では10分でその石油を汲みつくす。5分間でこの石油を汲みつくすには，ポンプを何台使用しなければならないか。

（早大）

〈答〉10台

エピローグ

　昨今の理数離れを憂えることは，本書の端々でも折に触れ述べてきました。理数教育の危機を評論家よろしくあれこれ解説しても，具体的な提案がない限りは，危機の回避には役立たないことは言うまでもありません。

　この危機に先立つこと7～8年前，偏差値教育の矛盾と弊害が指摘され，ある県では中学校での業者の統一テストの利用が廃止され，一元化した物差しである偏差値が算出できなくなり，現場の進路指導が混乱したことが新聞で話題になりました。

　実は，これよりさらに5～6年前から筆者は，偏差値に代わる数学の新しい評価法の開発を仲間と一緒に着手し，現在，一応それなりの目途が立つようになりました。

　学校教育の目的が"ひとりひとりの資質の向上"にあるのであれば，評価法もそれなりのものが必要であることは言うまでもありません。100点満点の得点評価法や，それをベースにした偏差値では，母集団の違いによる変化はとらえきれないであろうし，評価できたとしてもそれは単にその集団の中での位置づけを行っているに過ぎません。

　数学の評価では，「数学の知識」は言うに及ばず，学習を通して身につく「学力」を客観的に評価できるものでなければ，これからの時代には合致しません。また，入学試験のように生徒に提示するセット問題は，その中の個々の問題が持つ特性を視野に入れて提示しなければ，生徒の習熟度による「力」を適切に評価することはできません。す

なわち，問題が必要とする解決「力」を認識して提示しなければならないのです。

筆者らが開発した新しい数学の評価法は，これらの問題をクリアできるばかりでなく，結果として，入試にも強くなる学習・指導が可能な評価法であると自負しております。

この新しい評価法の根底に据えているのが，本書の各章タイトルになっていて，問題を解くときの行動を分析した4つの視点です。

これらの視点は，小学校の算数から中学校の数学への架け橋となるものであり，中学校から高校へ，さらには教養の数学への架け橋にもなっているのです。

このことは，平成15年度に行われた法科大学院の入学試験の試行テストが如実に物語っています。本書のエピローグとして，以下にその問題を提示し，少しばかりの解説を付して，本書のまとめとさせていただきます。

この試行テストは，第1部は第1問から第12問，第2部は第13問から第22問で構成されており，問題を通して評価しようとした内容は，第1部**推論・分析力**，第2部**読解・表現力**というように，本書で取り上げてきた算数，数学を通して身につく「力」を応用したものです。これらの力は明らかに，これまでの数学教育や入試にはなかった，生徒の能力を適切に評価できる「物差し」になるものなのです。

エピローグ

○試行テスト−第11問から

　30人の学生を対象に試験を行った。試験は全部で5つの問題からなる。その結果について次のア〜ウがわかった。これについて下の問1，2に答えよ。

　ア　第1問に正解した学生は全員，少なくとも第2問か第3問のどちらかを間違えていた。
　イ　第3問か第5問の少なくともどちらかを間違えた学生は全員，第2問には正解していた。
　ウ　第3問を間違えた学生は全員，第4問に正解していた。

問1　ア〜ウから正しく推論できることを次の①〜⑤のうちから一つ選べ。
　①第1問に正解し，第4問を間違えた学生は全員，第2問を間違えていた。
　②第4問を間違えた学生は全員，第1問も間違えていた。
　③第4問を間違えた学生は全員，第1問には正解していた。
　④第2問に正解した学生は全員，第4問にも正解していた。
　⑤第2問を間違えた学生は全員，第4問も間違え，第5問に正解していた。

問2　ア〜ウに加えて，どのような事実が判明すれば，そこから次のAが正しく推論できるか。適当なものを下

の①〜⑤の内から一つ選べ。

A　第1問を正解した学生は全員，第5問も正解していた。
①第1問に正解した学生は全員，第3問を間違えていた。
②第4問に正解した学生は全員，第1問を間違えていた。
③第4問を間違えた学生は全員，第2問には正解していた。
④第3問に正解した学生は全員，第1問にも第5問にも正解していた。
⑤第1問に正解し，かつ，第5問を間違えた学生は全員，第4問に正解していた。

[解説]
　翻訳力の視点からこの問題を考えてみます。本問の条件はア，イ，ウです。
　記号化も翻訳力の一種ですから，第1問を $\boxed{1}$，第2問を $\boxed{2}$，……と表すことにすると，
「第1問に正解した学生」は $\boxed{1}$ が○
「第3問を間違えた学生」は $\boxed{3}$ が×
と表現できます。したがって，ア，イ，ウの文章は
ア　$\boxed{1}$ が○なら $\boxed{2}$，$\boxed{3}$ の少なくとも一方は×
イ　$\boxed{2}$ が×なら，$\boxed{3}$ と $\boxed{5}$ は○（対偶を考えた）
ウ　$\boxed{3}$ が×なら，$\boxed{4}$ は○
と翻訳できます。

エピローグ

　これをもとに樹形図を作ると，次のようになります。この樹形図を参考に，問1のア〜ウから正しく推論できるものを探すと，樹形図の右側に付した数字の4に該当するので，問題文の①は正しいことがわかります。

　一つ定まればよいのですから問2に移ります。

　文章Aは　「A　1 が○なら 5 は○」

と表現できますから，これをみたす樹形図の枝は，数字の1，3，4と読み取ることができます。

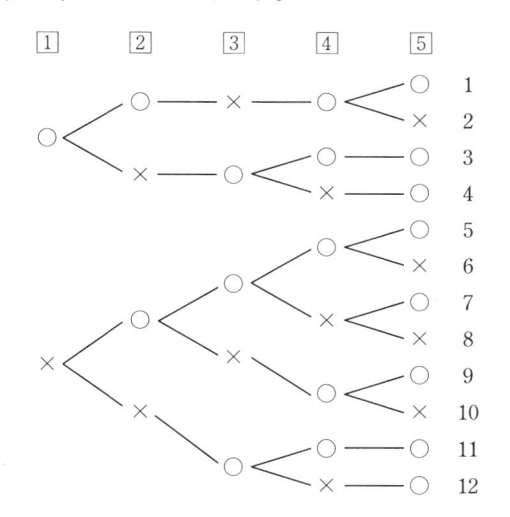

```
        1     2     3     4     5
             ○ ── × ── ○ ─┬─ ○   1
                          └─ ×   2
        ○
             × ── ○ ─┬─ ○ ── ○   3
                     └─ × ── ○   4

                          ┌─ ○   5
                     ┌─ ○ ┤
                     │    └─ ×   6
                ○ ───┤
                     │    ┌─ ○   7
                     └─ × ┤
                          └─ ×   8
        ×
                     ┌─ ○ ┬─ ○   9
                ×    │    └─ ×  10
                     │
                     └─ ○ ┬─ ○ ── 11
                          └─ × ── 12
```

　この①〜⑤の条件が具体的にどの枝を減らす条件であるのかまず考えます。

　①は，第1問○かつ第3問○の場合を否定する条件なので，3，4の枝を否定する。

　②は，第4問○かつ第1問○の場合を否定する条件なので，1，2，3の枝を否定する。

213

③は，第4問×かつ第2問×の場合を否定する条件なので，4，12の枝を否定する。

　④は，第3問○のとき，第1問×で第5問×，あるいは第1問○で第5問×，あるいは第1問×で第5問○のどれかの場合を否定するので，5，6，7，8，11，12の枝を否定する。

　⑤は，第1問○かつ第5問○かつ第4問×の場合を否定する条件なので，4の枝を否定する。

　Aがこれらの条件から推論されるために必要なことは，第1問が○でかつ第5問が×である枝が存在しないことであるから，樹形図よりさらに2の枝を否定する条件を選べばよい。

　よって，②が必要な条件である。

　上の解答で「樹形図」は，ある事柄についてすべて起こりうる場合を表示するのに適していて，文章を目に見える形に翻訳するのに役立ちます。これも，算数から数学へと変わる論証の洗練された考え方と言えるでしょう。

さくいん

欧文・数字

G. C. M.	142
L. C. M.	148
x の1次方程式	26
1次方程式	54
3桁の数	71,72
3の倍数	72
4つの視点	67,210

あ行

相向かって進む	50
頭数	127
言い換える	15,66
一般化	69
移動距離	49
イメージ	92
因数分解	11
植木算	140,150,153,156
円弧	97
追い越し算	56,57
応用力	129
置き換え	37

か行

解答	16,17
解答の手順	13
解法	102,119,183,184,204
解法の原理	45
学習法	10
学力	209
隠れた条件	73
数の特徴	119,121,124,136
考え方の過程	43
還元算	29,33,187
菊池寛	178
記号化	69
記数法の問題	68
共通した戦略	17
共通点	10
具象化	74,79
具体化	17,70,102,133,165
グラフ	15
計算力	17,192
結論	17
公式	50,52
公倍数	148
公約数	142
ゴール	118

さ行

最小公倍数	148
最小公倍数の利用	147,160,164
最大公約数	142
最大公約数の利用	140,158
座標平面	74
算数から数学への架け橋	17
算数と数学の相違点	6
算数と数学の本質	6
算数の解法	42
算数の短所	11,132
算数の長所	11,132
算数の方法	10,15,22,73
視覚化	22,74,79,105

視覚化する力	22
時間	53
式の特徴	119,136,137
仕事算	27
仕事量	28
時速	12,49
四則演算	11,12
視点	66,93
習熟度	209
柔軟性	71
樹形図	213,214
術語	20,47,49,50
手法	188
手法を選択	17,183
条件整理の問題	79,84,87
条件の読み換え	40
条件の読み換え問題	40,43
条件を把握	14,20
条件を把握できる力	46
証明	68
除数	144
所要時間	49
図	15,79,93,96,184
遂行力	17,67,175
水道算	171,172,176
推論	89,183
推論・分析力	210
数学の知識	209
数学の長所	11
数学の用語	49
図解	145
図解する	36
図形の性質	145
図形の性質を利用する問題	89,95
図形の特性	98
図形の特徴	95
進んだ距離	53
図と数の四則演算	10
図の特徴	90,119,136,144
すれ違い算	107,110
設問を活用	17
戦略	12,13,14
素因数分解	142,162
相違点	7,10
速度	53
素数	47,141

た行

題意の条件	25,38
題意の分析	166,200
題意の翻訳	202
対角線の長さ	98
対偶	122
代数の長所	71
代数の方法	11,15,22,73
旅人算	47,48,55,56,60,183,192
旅人算の出会い算	52,53
旅人算の出会いの問題	54
単位	204
単位時間	172
短所	6
置換法の問題	35,36,38
長所	6
通過算	103,106
通過の時間の公式	104,109
鶴亀算	120,125,126,134,150
「鶴亀算」の論理	82,122
出会い算	48,51
出会いの問題	48,113

出会ってから離れるまでの時間	108,109,110
ディオファントスの一生	75
定義	49
定義・定理・公式を復元できる力	14,20,46,47,104
展開できる力	17
同義化	134
洞察	134
洞察力	11
等式の個数	38
得点評価法	209
時計算	192,197
読解・分析力	15,27,35,67
読解力	182

な・は行

日常語	20,21,48
背理法	122
歯車の問題	161
橋渡し	6
発想の転換	161
速さ	49
反比例	92
被除数	144
表	15,79,84,86,88
評価法	209
秒速	49
比例計算	24
比例式	23
福井謙一	100
復元	50
文章	15
文章題	18,20
分数計算	24
分数小数の計算問題	137
分数で表現された問題	21
分数の読み換えの問題	191
分析	13
分析の仕方	12
分速	49
偏差値	209
偏差値教育	209
牧草算	199,207,208
翻訳	66,110,115,134
翻訳能力	182
翻訳力	16,66,67,115,212

ま行

目標	17,118,165
目標設定力	17,67,70,115,118
目標を立てる	16
文字	15,81
文字化	69
文字式の計算	27
文字の個数	38
文字の消去	37
問題解決	13
問題解決能力	18
問題の解法	79
問題の構造	14,20,21
問題の構造分析力	27
問題の仕組み	21
問題の条件	35
問題の成り立ち	21

や・ら・わ行

湯川秀樹	179
読み換え	110
流水算	111,112

類似点	7	論理的に展望	16
類似問題	129,150,154	論理展開	124
類似問題を連想	16,150,170,193	論理の進め方	43
連立方程式	45,123,134,136	割合の問題	165,170
論理思考	122		

N.D.C.411.1　　218p　　18cm

ブルーバックス　B-1433

大人のための算数練習帳
論理思考を育てる文章題の傑作選

2004年2月20日　第1刷発行
2022年2月18日　第17刷発行

著者	佐藤恒雄	
発行者	鈴木章一	
発行所	株式会社講談社	
	〒112-8001　東京都文京区音羽2-12-21	
電話	出版　03-5395-3524	
	販売　03-5395-4415	
	業務　03-5395-3615	
印刷所	（本文印刷）豊国印刷株式会社	
	（カバー表紙印刷）信毎書籍印刷株式会社	
本文データ制作	株式会社さくら工芸社	
製本所	株式会社国宝社	

定価はカバーに表示してあります。
©佐藤恒雄　2004, Printed in Japan
落丁本・乱丁本は購入書店名を明記のうえ、小社業務宛にお送りください。送料小社負担にてお取替えします。なお、この本についてのお問い合わせは、ブルーバックス宛にお願いいたします。
本書のコピー、スキャン、デジタル化等の無断複製は著作権法上での例外を除き禁じられています。本書を代行業者等の第三者に依頼してスキャンやデジタル化することはたとえ個人や家庭内の利用でも著作権法違反です。
Ⓡ〈日本複製権センター委託出版物〉複写を希望される場合は、日本複製権センター（電話03-6809-1281）にご連絡ください。

ISBN4-06-257433-0

発刊のことば　科学をあなたのポケットに

二十世紀最大の特色は、それが科学時代であるということです。科学は日に日に進歩を続け、止まるところを知りません。ひと昔前の夢物語もどんどん現実化しており、今やわれわれの生活のすべてが、科学によってゆり動かされているといっても過言ではないでしょう。

そのような背景を考えれば、学者や学生はもちろん、産業人も、セールスマンも、ジャーナリストも、家庭の主婦も、みんなが科学を知らなければ、時代の流れに逆らうことになるでしょう。

ブルーバックス発刊の意義と必然性はそこにあります。このシリーズは、読む人に科学的に物を考える習慣と、科学的に物を見る目を養っていただくことを最大の目標にしています。そのためには、単に原理や法則の解説に終始するのではなくて、政治や経済など、社会科学や人文科学にも関連させて、広い視野から問題を追究していきます。科学はむずかしいという先入観を改める表現と構成、それも類書にないブルーバックスの特色であると信じます。

一九六三年九月

野間省一

ブルーバックス　数学関係書（I）

番号	タイトル	著者
116	推計学のすすめ	佐藤 信
120	統計でウソをつく法	ダレル・ハフ／高木秀玄 訳
177	ゼロから無限へ	C・レイド／芹沢正三 訳
325	現代数学小事典	寺阪英孝 編
408	数学質問箱	矢野健太郎
722	解ければ天才！ 算数100の難問・奇問	中村義作
833	虚数 i の不思議	堀場芳数
862	対数 e の不思議	堀場芳数
908	数学トリック=だまされまいぞ！	仲田紀夫
926	フェルマーの大定理が解けた！	足立恒雄
1003	道具としての微分方程式	斎藤恭一／吉田 剛 絵
1013	違いを見ぬく統計学	豊田秀樹／藤岡文世 絵
1037	原因をさぐる統計学	豊田秀樹
1074	マンガ 微積分入門	岡部恒治／柳井晴彦 絵
1201	マンガ おはなし数学史 新装版	仲田紀夫／佐々木ケン 漫画
1243	高校数学とっておき勉強法	鍵本 聡
1312	集合とはなにか	竹内外史
1332	確率・統計であばくギャンブルのからくり	谷岡一郎
1352	算数パズル「出しっこ問題」傑作選	仲田紀夫
1353	数学版 これを英語で言えますか？	保江邦夫 監修／E・ネルソン 著
1366	統計でウソをつく法	
1383	高校数学でわかるマクスウェル方程式	竹内 淳
1386	素数入門	芹沢正三
1407	入試数学 伝説の良問100	安田 亨
1419	パズルでひらめく補助線の幾何学	中村義作
1429	数学21世紀の7大難問	中村 亨
1430	Excelで遊ぶ手作り数学シミュレーション	田沼晴彦
1433	大人のための算数練習帳	佐藤恒雄
1453	大人のための算数練習帳 図形問題編	佐藤恒雄
1479	なるほど高校数学 三角関数の物語	原岡喜重
1490	暗号の数理 改訂新版	一松 信
1493	計算力を強くする	鍵本 聡
1536	計算力を強くする part2	鍵本 聡
1547	広中杯 ハイレベル 中学数学に挑戦	算数オリンピック委員会 監修／青木亮二 解説
1557	やさしい統計入門	柴井晴夫／田栗正章／C・R・ラオ／藤越康祝
1595	数論入門	芹沢正三
1598	なるほど高校数学 ベクトルの物語	原岡喜重
1606	関数とはなんだろう	山根英司
1619	離散数学「数え上げ理論」	野﨑昭弘
1620	高校数学でわかるボルツマンの原理	竹内 淳
1629	計算力を強くする 完全ドリル	鍵本 聡

ブルーバックス　数学関係書（II）

番号	タイトル	著者
1657	高校数学でわかるフーリエ変換	竹内淳
1661	史上最強の実践数学公式123	佐藤恒雄
1677	新体系・高校数学の教科書（上）	芳沢光雄
1678	新体系・高校数学の教科書（下）	芳沢光雄
1684	ガロアの群論	中村亨
1704	高校数学でわかる線形代数	竹内淳
1724	ウソを見破る統計学	神永正博
1738	物理数学の直観的方法（普及版）	長沼伸一郎
1740	マンガで読む 計算力を強くする	がそんみほ=マンガ／銀杏社=構成
1743	大学入試問題で語る数論の世界	清水健一
1757	高校数学でわかる統計学	竹内淳
1764	新体系・中学数学の教科書（上）	芳沢光雄
1765	新体系・中学数学の教科書（下）	芳沢光雄
1770	連分数のふしぎ	木村俊一
1782	はじめてのゲーム理論	川越敏司
1784	確率・統計でわかる「金融リスク」のからくり	吉本佳生
1786	「超」入門 微分積分	神永正博
1788	複素数とはなにか	示野信一
1795	シャノンの情報理論入門	高岡詠子
1808	算数オリンピックに挑戦 '08〜'12年度版	算数オリンピック委員会=編
1810	不完全性定理とはなにか	竹内薫
1818	オイラーの公式がわかる	原岡喜重
1819	世界は2乗でできている	小島寛之
1822	マンガ 線形代数入門	鍵本聡=原作／北垣絵美=漫画
1823	三角形の七不思議	細矢治夫
1828	リーマン予想とはなにか	中村亨
1833	超絶難問論理パズル	小野田博一
1838	読解力を強くする算数練習帳	佐藤恒雄
1841	難関入試 算数速攻術	中川塾
1851	チューリングの計算理論入門	高岡詠子
1870	知性を鍛える 大学の教養数学	松島与三=画／佐藤恒雄
1880	非ユークリッド幾何の世界 新装版	寺阪英孝
1888	直感を裏切る数学	神永正博
1890	ようこそ「多変量解析」クラブへ	小野田博一
1893	逆問題の考え方	上村豊
1897	算法勝負！「江戸の数学」に挑戦	山根誠司
1906	ロジックの世界	ダン・クライアン／シャロン・シュアティル／ビル・メイブリン=絵／田中一之=訳
1907	素数が奏でる物語	西来路文朗／清水健一
1911	超越数とはなにか	西岡久美子
1913	やじうま入試数学	金重明
1917	群論入門	芳沢光雄

ブルーバックス　パズル・クイズ関係書

- 921 自分がわかる心理テスト　デル・マガジンズ社″編″　芦原睦″監修″
- 988 論理パズル101　桂 載作
- 1353 算数パズル「出しっこ問題」傑作選　仲田紀夫
- 1366 数学版 これを英語で言えますか？　エドワード・ネルソン″監修″　保江邦夫
- 1368 論理パズル「出しっこ問題」傑作選　小野田博一
- 1423 史上最強の論理パズル　小野田博一
- 1453 大人のための算数練習帳 図形問題編　佐藤恒雄
- 1474 クイズ 植物入門　田中 修
- 1720 傑作！物理パズル50　ポール・G・ヒューイット″作″　松森靖夫″編訳″
- 1833 超絶難問論理パズル　小野田博一
- 1928 直感を裏切るデザイン・パズル　馬場雄二
- 2039 世界の名作 数理パズル100　中村義作

ブルーバックス

ブルーバックス発の新サイトがオープンしました!

- 書き下ろしの科学読み物
- 編集部発のニュース
- 動画やサンプルプログラムなどの特別付録

ブルーバックスに関する
あらゆる情報の発信基地です。
ぜひ定期的にご覧ください。

ブルーバックス　検索

http://bluebacks.kodansha.co.jp/